WORT
UND
WISSEN

Erich Blechschmidt

# Die Erhaltung der Individualität –

## Fakten zur Humanembryologie

Hänssler-Verlag
Neuhausen-Stuttgart

Herausgeber (Leitungskreis der Studiengemeinschaft
WORT UND WISSEN e. V.):

Horst W. Beck, Prof. Dr.-Ing., Dr. theol., Baiersbronn-Röt;
Eberhard Bertsch, Prof. Dipl.-Ing., Dr. rer. nat., Hagen;
Elmar Bürkle, Reallehrer, Freudenstadt-Igelsberg;
Theodor Ellinger, Prof. Dr.-Ing., Dr. rer. pol., Rößrath/Köln;
Werner Gitt, Prof. Dr.-Ing., Braunschweig;
Friedrich Hänssler, Verleger, Neuhausen-Stuttgart;
Heiko Hörnicke, Prof. Dr. med. vet., Filderstadt/Stuttgart;
Gottfried Meskemper, Doz. Dipl.-Ing., Bremen;
Hermann Schneider, Prof. Dr. rer. nat., Heidelberg;
Manfried Schulte, Dip.-Ing., Gevelsberg;
Karl Schumann, Kaufmann, Hagen-Hohenlimburg.

Veröffentlichung der Studiengemeinschaft WORT UND WISSEN e.V.,
Schriftleitung: R. Junker, Sommerhalde 10, D-7292 Baiersbronn-Röt

CIP-Kurztitelaufnahme der Deutschen Bibliothek

**Blechschmidt, Erich:**
Die Erhaltung der Individualität: Fakten zur
Humanembryologie / Erich Blechschmidt. – 2. Aufl. –
Neuhausen-Stuttgart: Hänssler, 1985.
   (Wort und Wissen; Bd. 12)
   ISBN 3-7751-0638-3
NE: GT

2. Auflage 1985
Best.-Nr. 82 912
© Copyright 1982 by Hänssler-Verlag,
Neuhausen-Stuttgart
Die Bildrechte liegen beim Autor.
Gesamtherstellung: Ebner Ulm

# Inhaltsverzeichnis

# Vorwort der Herausgeber

Die Studiengemeinschaft WORT UND WISSEN veranstaltet bzw. fördert interdisziplinäre Universitätskolloquien und Seminare. Prof. *Erich Blechschmidt* hat sein hervorragendes Material zur frühen Embryonalphase des menschlichen Lebens auch in diesem Rahmen dargeboten. Aus solchem interdisziplinären Dialog entstand die Anregung, das aus jahrzehntelanger Forschung von *Erich Blechschmidt* begründete Gesetz der Erhaltung der Individualität darzustellen.

Der bekannte monistisch-materialistisch eingestellte Naturphilosoph und Zoologe *Ernst Haeckel* kombinierte die Anschauungen von *Johann Meckel* (1811) und *Fritz Müller* (1865) und machte sie 1866 als sein *»Biogenetisches Grundgesetz«*[1] bekannt, welches aussagt, die Embryonalentwicklung (Ontogenese) sei eine geraffte Rekapitulation der vermeintlichen Stammesgeschichte (Phylogenese) vom Einzeller zum Menschen. *Haeckel* verwahrte sich dagegen, daß sein »allgültiges Grundgesetz« bloß als *»biogenetische Regel«* bezeichnet werde.[2]

Daß die Rekapitulationsvorstellung nicht stimmt, hat *Haeckel* selbst schon implizit damit zugegeben, daß er die Vorgänge der Embryonalentwicklung einteilt in »Palingenesen« (Wiederholungen) und »Zaenogenesen« (Neuerscheinungen). Jede einzelne Zaenogenese widerlegt das »allgültige Grundgesetz«.
Obwohl *Haeckel* das Lehren, Denken und Handeln im deutschsprachigen Bereich gewaltig beeinflußte, begegnete man seinen Ideen im Ausland deutlich kühler. Der englische Zoologe *Sir Gavin de Beer* (Britisches Museum für Naturgeschichte) stellte beispielsweise fest:[3] *»Selten hat eine Behauptung wie die der*

---

[1] E. Haeckel, »Generelle Morphologie der Organismen«, Berlin 1866.
[2] E. Haeckel, »Ewigkeit, Weltkriegsgedanken über Leben und Tod, Religion und Entwicklungslehre«, Berlin 1915, S. 95.
[3] G. de Beer in S. A. Barnett Hrsg., »A Century of Darwin«, 1968.

*Haeckelschen Rekapitulationstheorie – einfach, hübsch und eingängig, weithin ohne kritische Prüfung akzeptiert – der Wissenschaft so viel geschadet.«* Der amerikanische Biologe *G. H. Waddington* schrieb:[4] *»Die Art von Analogiedenken, die zu Theorien führt, daß Entwicklung auf Rekapitulation von Vorfahrenstadien beruhe, erscheint den Biologen überhaupt nicht mehr überzeugend oder auch nur interessant.«*

Es ist in der Tat eigenartig, daß die reale, beobachtbare und dank genetischer Programmierung funktionierende Ontogenese mit der nicht beobachtbaren sondern nur geglaubten und genetisch nicht programmierten Phylogenese in Analogie gesetzt wird – um dann mit dem nicht Beobachtbaren das Beobachtbare zu erklären.

Die heute verfügbaren guten Aufnahmen von menschlichen Embryonen können den unvoreingenommenen Betrachter von der Humanspezifität jeder Entwicklungsphase überzeugen. Da aber *Haeckels* Embryonenbilder auch heute noch in Schul- und Lehrbüchern abgedruckt werden, ist es gut, an ein Eingeständnis *Haeckels*[5] zu erinnern: *»Um dem ganzen wüsten Streite kurzerhand ein Ende zu machen, will ich nur gleich mit dem reumütigen Geständnis beginnen, daß ein kleiner Teil meiner zahlreichen Embryonenbilder (vielleicht 6 oder 8 von hundert) wirklich (im Sinne von Dr. Braß) ›gefälscht‹ sind – alle jene nämlich, bei denen das vorliegende Beobachtungsmaterial so unvollständig oder ungenügend ist, daß man bei Herstellung einer zusammenhängenden Entwicklungskette gezwungen wird, die Lücken durch Hypothesen aufzufüllen, und durch vergleichende Synthese die fehlenden Glieder zu rekonstruieren.«*

Die hypothetischen Vorfahren der Wale oder Schildkröten ließen sich durch Embryologie nicht ermitteln. Wie sollen die angeblichen Vorfahren der Schmetterlinge, die im Puppensta-

---

[4] G. H. Waddington, »Principles of Embryology«, 1956, S. 10.
[5] E. Haeckel, Berliner Volkszeitung 29. 12. 1908 und W. Teudt, »Im Interesse der Wissenschaft«, Godesberg 1909, S. 27.

dium »rekapituliert« werden, sich ernährt und fortgepflanzt haben? Was sagt das *Haeckel*gesetz über die Vorfahren der Pflanzen oder der Einzeller? Ideologisch ist das biogenetische Gesetz von allerhöchster Bedeutung – wissenschaftlich ist es wertlos.

Die Tatsache, daß die menschliche Existenz im Zustande der Einzelligkeit beginnt, bedeutet keineswegs, daß die befruchtete Eizelle ein einzelliges Vorfahrenstadium rekapituliert. Der Beginn eines vielzelligen Lebewesens von *einer* Zelle aus ist vielmehr unerläßlich notwendig, um die *genetische Identität* aller seiner Zellen und damit seine *Individualität* zu gewährleisten.

*Blechschmidts* »Erhaltung der Individualität« klingt sogar schon bei *Haeckel* an, der schrieb:[6] »*Dieses Moment der ›Befruchtung‹ (genauer bestimmt: die Verschmelzung der Kerne beider kopulierender Geschlechtszellen) bezeichnet haarscharf den Zeitpunkt, in welchem die Existenz des neu erzeugten Individuums beginnt.*«

Das *Prinzip der Erhaltung der Individualität* und die damit verbundene Weise des Fragens und Forschens ist geeignet, an die Stelle eines wissenschaftlich nicht haltbaren Rekapitulationsdenkens zu treten.

Für den Leitungskreis: Beck, Ellinger, Hörnicke, Schneider

[6] s. 2) S. 71.

# 1. Einleitung

Eine exakte wissenschaftliche und systematische Beschreibung von Naturvorgängen war im Altertum noch kein konkretes Thema. Denn mit Hilfe der Mathematik exakt beschreibbar waren damals nur einige astronomische Phänomene, Erscheinungen im Bereich der Himmelskörper. Nur dort schien eine zahlenmäßig faßbare Ordnung zu herrschen und daher der Mathematik zugänglich zu sein. Irdische Materie war für das damalige Verständnis ungeordnet, chaotisch. Erst das Christentum, das auch die irdische Welt als Schöpfung Gottes und damit als geordnet anerkannte, machte es möglich, nach Naturgesetzen auch in unserer nächsten Umwelt zu suchen.

Im 13. Jahrhundert war es *Albertus Magnus* (1200–1280), der sich systematisch und eingehend mit greifbaren Naturvorgängen befaßte und dabei auch schon nach Gesetzen im Lebendigen suchte. In 40 Bänden stellte er Beobachtungen physikalischer und chemischer Vorgänge sowie Fakten aus dem Bereich der Pflanzen und Tiere und auch des Menschen zusammen. Er teilte bereits nach sachlichen Kriterien ein, ohne – wie bis dahin üblich – in erster Linie nach Nützlichkeit und Schädlichkeit der Dinge zu fragen. Das bloße Sammeln war bereits ein Versuch, Ordnung in der Mannigfaltigkeit zu erkennen. *Albertus* unternahm es, sein gesammeltes Befundmaterial, d. h. Einzeldaten, in einen sinnvollen Zusammenhang zu bringen.

Die Pflanzen- und Tierkunde, die *Albertus Magnus* schrieb, ist als Meisterwerk der Beobachtung anerkannt. Den Pflanzen, Tieren und Menschen wurde eine lebendige, eine empfindende und eine geistige Seele zugesprochen. Die Seele des Menschen wird als principium formans des menschlichen Körpers beschrieben und damit als wesentlich konstitutiv für den Menschen gedacht. »Im Verhältnis zum Leib«, so schreibt *Albertus*,

»ist die Seele die bestimmende erste Macht in dieser Wesenseinheit«[1].

Für die meisten der damals wissenschaftlich Denkenden stand Erkennen nicht im Widerspruch zum Glauben, vielmehr war ihnen der Umgang mit der materiellen Welt nur unter der Voraussetzung des Glaubens menschenwürdig und erstrebenswert. »Die zum Glauben gehörende Wahrheit«, so Albertus Magnus, »darf nie der Lehre eines Weltweisen weichen«, oder »Glaube und Wissen können sich niemals widersprechen, weil sie letztlich aus der gleichen Quelle, Gott und seiner Offenbarung, stammen«[2].

Diese Voraussetzung wissenschaftlichen Denkens und Arbeitens ist in den folgenden Jahrhunderten nicht erhalten geblieben, ist sogar pervertiert. Allmählich wurde nämlich an Stelle des Glaubens der Zweifel Hauptmotiv für die Forschung. Heute sehen viele den Zweifel sogar als die einzige gerechtfertigte Voraussetzung der Forschung an. Damit entstand die Idee einer sogenannten vorurteilsfreien Wissenschaft und zugleich auch der Begriff der sogenannten Wertfreiheit der Wissenschaft. Jetzt trat das Bemühen zu analysieren, das Experiment, die Überbewertung des Teils anstatt des Ganzen mehr und mehr in den Vordergrund. Mit der behaupteten alleinigen Beweiskraft der experimentellen Prüfung wurde geradezu grundsätzlich jede außermaterielle Wirklichkeit bestritten. Dadurch wurde seit dem 17. Jahrhundert mehr und mehr eine Versachlichung und so eine zunehmende Entmenschlichung in der Wissenschaft möglich gemacht. Versachlichung bedeutet heute in der Regel Verzicht auf Glauben an eine höhere Sinngebung.

Wenn zwar das Interesse an der Natur der Dinge schon die Hypothese der Machbarkeit von Dingen enthält, so stand doch

---

[1] Nach Liertz, Rh., Albert der Große. Gedanken über sein Leben und aus seinen Werken, Münster 1948, S. 37.
[2] A.a.O. S. 35.

bis zur Neuzeit die Bewunderung der Schöpfung nicht im Widerspruch zu derartigen Erfahrungen. Heute ist das anders. Die Überzeugung einer grundsätzlichen Machbarkeit der Dinge beinhaltet auch die Zielsetzung, Leben zu machen und dann den Menschen zu manipulieren!

Daß sich hier eine Kluft zwischen Glauben und Wissen, zwischen Theologie und Naturwissenschaft auftut, ist einzusehen. Eine solche Kluft müßte aber nicht bestehen, wenn die Naturwissenschaft eingebracht würde in ein Weltbild, das mehr umfaßt als nur die dingliche Wirklichkeit. Die heute am weitesten verbreitete Theorie der Naturwissenschaften und des materiellen Lebensvollzugs, die Evolutionstheorie, zeigt sich nämlich als eine rein materialistische Hypothese, die versucht, die Wirklichkeit auf bloße materielle Gesetzmäßigkeiten zu reduzieren.

Heute kommt es deshalb darauf an, gegenüber einer auch in der Biologie vorhandenen materialistischen Sicht vom Menschen ein umfassenderes Menschenbild zu bekommen.

Geistesgeschichtlich sind auch heute noch drei voneinander völlig verschiedene Bewußtseinsinhalte von großer Bedeutung: Die Begriffswelt der Theologie, der Philosophie und, davon völlig verschieden, die der Naturwissenschaft. Diese Denkformen sind nicht aufeinander zurückführbar, stehen aber in einem so engen Zusammenhang miteinander, daß sie als notwendig zusammengehörige Symptome menschlichen Bewußtseins aufgefaßt werden müssen. Das weist darauf hin, daß die heute in der Biologie bestehenden Kontroversen oft viel zu eng diskutiert werden. Dies betrifft im besonderen folgendes:

In Beschreibungen und Diskussionen, die sich aktuell mit dem Menschen beschäftigen, begegnen wir zwei konträren Auffassungen. Nach der einen ist der Mensch Person und nach der anderen ein im Prinzip naturwissenschaftlich, d. h. physikalisch-chemisch erklärbares Produkt der Evolution. Die Alternative lautet: Entweder ist der Mensch Geschöpf Gottes, d. h.

auf ein Ganzes, Größeres bezogen, als Person unwiederholbar, zu freier Entscheidung befähigt und damit zur Verantwortung aufgerufen, oder er ist ein manipulierbares Glied der Gesellschaft, nur ein kleiner Teil eines Kollektivs.

Hier begegnet uns eine nicht unwesentliche Seinsfrage, die in den heutigen Auseinandersetzungen u. a. um den Wert des menschlichen Lebens eine entscheidende Bedeutung bekommen hat. Wenn heute das Leben des Menschen – in welcher Phase auch immer – von vielen Seiten als frei verfügbar und seine Manipulation als erlaubt angesehen wird, dann liegt dies einerseits an weltanschaulichen Standpunkten, andererseits aber auch an mangelnden Kenntnissen biologischer Fakten.

Nach christlichem Urteil ist das menschliche Leben ein Wert, der sich im Sein des Menschen gründet. Und dieses Sein ist bestimmt durch die Geschöpflichkeit des Menschen als Ebenbild Gottes. Innerhalb und außerhalb des Christentums hat philosophische und religiöse Überlieferung den Menschen schon immer als ein Wesen beschrieben, das auf ein ihm Sinn gebendes Absolutes ausgerichtet ist. Ohne die Orientierung am Absoluten gibt es für den Menschen keine Verantwortung für sein Handeln, gibt es weder Pflichten noch Rechte. Wenn sich der Staat oder ein Einzelner theoretisch oder praktisch an die Stelle des Absoluten setzt, kann er mit seinen Mitmenschen nach Belieben schalten und walten. Welche höhere Instanz gäbe es für die klagende und hoffende Menschheit?

Einem Denkenden ist bewußt, daß wir ein uns alle umfassendes Absolutes als gemeinsamen Nenner unseres Handelns brauchen. Auf der Suche nach diesem gemeinsamen Nenner wenden sich viele heute gern an die Naturwissenschaft. Man erwartet von ihr Aussagen, aus denen verbindliche Normen für unser Handeln abgeleitet werden können. Für einen vernünftigen Menschen gilt zwar die Naturwissenschaft nie als letzte Instanz, sie ist aber eine Realität, die gleichwohl zu unseren Entscheidungen und Urteilen beitragen kann.

Gefördert durch die Erfolge der modernen Technik und damit auch der modernen Untersuchungsmethoden, insbesondere der Entwicklungsphysiologie, Genetik und Molekularbiologie, sowie gestützt auf die Computertechnik beherrscht materialistisches Denken nicht nur weite Kreise unserer Forschungsinstitute, sondern auch, vielen gar nicht bewußt, die geisteswissenschaftlichen Seminare. Die Fähigkeit, eine geistige Wirklichkeit zu akzeptieren, ist weithin verlorengegangen. Ja, es scheint geradezu eine suggestiv verbreitete Angst vor Metaphysik zu herrschen. Alles soll natürlich erklärt werden, und wo dies schwierig wird, gilt einfach der Zufall als immanentes Gesetz, als fundamentales Naturgesetz. Gott zu erwähnen, gilt als »naiv«.

Mit zunehmender Kenntnis von natürlichen Zusammenhängen wurde Gott für fehlende Erklärungen nicht mehr benötigt. Die Versuchung lag nahe, ihn ganz abzuschaffen, denn was heute noch nicht gewußt wird – davon ist man überzeugt –, darf doch im Prinzip als wißbar gelten. Kritische Wissenschaft – wesentlich als Systemkritik aufgefaßt – entmythologisiert. Wunder werden als Albernheit abgetan und die Fähigkeit des Menschen, sich zu wundern, als Zeichen von Naivität erklärt. Alles wird »natürlich« zu deuten versucht.

Was im 17. Jahrhundert rein rationalistisch verstehbar schien, sollte im 18. Jahrhundert mechanistisch und im 19. materialistisch zu deuten sein. Man kennt die genialen Erfolge des französischen Chemikers *Lavoisier* zur Zeit der Französischen Revolution. Damals war durch die Überwindung der Alchemie wissenschaftliches Neuland entdeckt, das vordem weder den großen Physikern noch den Mathematikern bekannt war. Auf dieser Vorgeschichte erwuchs im 19. Jahrhundert die Biologie.

Kann die Biologie auf Chemie und Physik zurückgeführt werden? Trotz dieses seither bestehenden Anspruchs der Reduktion biologischer Phänomene auf rein physikalisch-chemisch zu analysierende Prozesse bleiben Fragen nach der Eigenart des Lebensgeschehens offen. Mit der modernen Biologie ist daher die Frage nach dem Menschen neu gestellt. Ist der Mensch von Anfang an individueller Mensch? Ist er ein vollkommenes Ganzes auf jeder Stufe? Wie bildet er im Laufe des Wachstums seine Gestalt und entwickelt damit seine spätere Funktionsfähigkeit? Zu diesen Fragen sind nach dem heutigen Stand der Biologie einige konkrete Aussagen möglich. Denn die aufeinanderfolgenden Stadien der menschlichen Ontogenese sind ebenso wie die Kinetik der Gestaltung recht genau untersucht. Wir kennen heute die Entwicklungsbewegungen des menschlichen Keims. Diese Entwicklungsbewegungen sind Funktionen (Leistungen), die schon mit morphologischen Methoden sehr exakt bestimmt werden können. Sie sind Ausdrucksbewegungen des Organischen, welche – als Komponenten des Entwicklungsgeschehens – Molekularbewegungen gegen Widerstand voraussetzen und so lebendige Tätigkeit mit Arbeit im physikalischen Sinn anzeigen. Schon diese Entwicklungsbewegungen sind räumlich geordnete sogenannte Feldprozesse, die folgerichtig ablaufen und schon frühembryonal die Tätigkeit des Erwachsenen weitgehend vorbereiten. Kennen wir die frühen Entwicklungsbewegungen, so können wir genauere Aussagen machen, wie die komplizierten Funktionen der ausgebildeten Organe ermöglicht werden. Dafür sind die wesentlichen Voraussetzungen, nämlich das individuelle menschliche Leben, stets schon mit dem befruchteten Ei gegeben.

# 2. Der Irrtum des Biogenetischen Grundgesetzes

Eines der schwerwiegendsten und scheinbar unüberwindbaren Vorurteile gegen die Auffassung vom Menschen als einem individuellen menschlichen Sein von Anfang an ist das sogenannte Biogenetische Grundgesetz.

*Ernst Haeckel* formulierte 1866[3], der Mensch wiederhole während seiner Frühentwicklung, das ist in seiner Ontogenese, die Stammesgeschichte in kurzgedrängter Form. Zur Charakterisierung dieser Anschauung sei eine kleine Geschichte eingeschoben:

In einer größeren Autofabrik werden Personenwagen modernen Typs hergestellt, und zwar folgendermaßen: Zuerst wird aus Holz ein kleiner Schubkarren fabriziert, dann wird dieser zu einem vierrädrigen Planwagen umgebaut und dieser dann zu einer Pferdekutsche verändert. In weiteren Arbeitsgängen werden die Holzräder mit Metallachsen versehen und durch gummibereifte Räder ersetzt. Schließlich wird das Ganze zu einem Auto mit Motor umgebaut. Dabei werden zunächst einige geschichtlich ältere Konstruktionsteile zur Erinnerung an die Baugeschichte in ihrer ursprünglichen Form übernommen und dann später ersetzt. Dies alles geschieht in der Annahme, daß die Geschichte der Fahrzeuge in der Produktion jedes einzelnen Autos grundsätzlich wiederholt werden müßte. Der Leser wird zustimmen, daß eine solche Fabrik, die nicht sinnvoll nach einem jetzt gültigen Plan, sondern aus Erinnerung an ihre Geschichte arbeitet, wahrscheinlich keine den Anforderungen adäquate Wagen würde herstellen können.

Wie kam *Haeckel* zu seiner seltsamen Vorstellung von einer Rekapitulation? Er wollte die Deszendenztheorie von *Darwin*

[3] Haeckel, E., Natürliche Schöpfungsgeschichte, Berlin [12]1920, S. 236.

beweisen: Er betrachtete sein Biogenetisches Grundgesetz als den entscheidenden Beweis für die *Darwin*sche Deszendenztheorie. Denn wenn es stimme, daß die Arten sich auseinanderentwickelt hätten, müsse sich etwas aus der Vorzeit Ererbtes auch in den heutigen Generationen nachweisen lassen. Nach *Haeckel* wäre die Deszendenztheorie dann bewiesen, wenn es gelänge, aufeinanderfolgende stammesgeschichtliche Stadien in der Individualentwicklung des Menschen nachzuweisen. *Haeckel* schreibt: »In dem innigen Zusammenhang der Keimes- und Stammesgeschichte erblicke ich einen der wichtigsten und unwiderleglichsten Beweise der Deszendenztheorie.«[4] *Haeckel* wollte also mit der Behauptung einer Rekapitulation der Phylogenese während der Ontogenese die Phylogenese selbst, nämlich die natürliche Entstehung der Arten, beweisen. Es war der Versuch, die Entstehung der Arten mechanistisch zu erklären. Die Idee von der natürlichen Entstehung der Arten ist in ihrer Konsequenz nichts anderes als der Versuch, eine Schöpfung und damit einen Schöpfer überflüssig zu machen. Dieser weltanschauliche Aspekt der *Haeckel*schen Aussagen wird leicht übersehen.

Von den Ideen *Haeckels* ist bis heute erstaunlich viel übriggeblieben. Es gilt immer noch als diskutierbares Problem, wie sich denn die Phylogenese in der Ontogenese erkennen lasse und wann in der menschlichen Ontogenese die Entwicklung des eigentlichen Menschen beginne. Woher weiß man, so wird gefragt, daß ein menschlicher Embryo, der z. B. $^1/_5$ mm groß ist, schon wirklich ein Mensch genannt werden darf? Dies soll hier klargestellt werden: Man weiß es aus der Anamnese, daß nämlich zwei menschliche Keimzellen zusammenkamen. Der Fachmann weiß es aus der Erfahrung vieler Beobachtungen: So sieht ein menschliches und nur ein menschliches Ei aus. Und außerdem sagt es ihm der Genetiker, der weiß, daß menschliche Chromosomen in einer menschlichen Zelle unverwechselbar mit Chromosomen anderer Spezies sind.

[4] Haeckel, E., a.a.O. S. 237.

Heute berücksichtigt man, daß *Haeckel* sein Biogenetisches Grundgesetz aufstellte, ohne die frühen Phasen der menschlichen Entwicklung zu kennen. Er konnte sie gar nicht kennen. Denn wegen der damals technisch noch völlig unzureichenden Präparate von jungen Keimen waren sichere Befunde von der menschlichen Frühentwicklung nicht möglich. *Haeckel* versuchte also, sein Gesetz begreiflich zu machen, ohne konkrete Befunde zu haben. Wie er vorging, schildert *Wilhelm His*, Anatom in Basel, in einem sehr lesenswerten Buch, das 1874 erschien[5]. Es heißt dort: *»Wir nehmen die erste Auflage der natürlichen Schöpfungsgeschichte zur Hand und finden S. 242 in drei untereinanderstehenden Abbildungen das Ei des Menschen, das Ei des Affen und dasjenige des Hundes, je 100mal vergrößert, auf S. 248 aber in drei nebeneinanderstehenden Figuren den Embryo des Hundes, denjenigen des Huhns und den der Schildkröte. Die Übereinstimmung in jeder der beiden Figurenreihen ist eine vollkommene, und kaum kann man sich etwas Überzeugenderes denken als diese weitgehende Identität von Formen verschiedener Wesen. Selbst auf scheinbar unwesentliche Dinge erstreckt sich die Übereinstimmung; wo die Körner im Hundeei etwas gröber sind, sind sie es auch im Ei des Menschen und des Affen; wo die Zona etwas lichter ist in jenem, ist sie es auch in den beiden letzteren. Der Embryo des Hundes, des Huhnes und der Schildkröte zählen je zehn Urwirbel auf jeder Seite, und zwar ist bei allen dreien der erste der rechten Seite je ein bißchen abgerundeter, der neunte ein bißchen schmaler als die übrigen. Sicher war es ein für die Wissenschaft nicht genug zu preisender Glücksfall, der Haeckel drei so genau sich entsprechende Embryonen unter die Hände geführt und ihm damit ein entscheidendes Beweismaterial überliefert hat. Noch merkwürdigere Übereinstimmungen enthüllt indes eine weitergehende Prüfung der Figuren. Die absolute Identität besteht nicht allein für die Eier der einen und für die Embryonen der anderen Bildreihe, sie besteht auch für Ort und Form der bezeichnenden Buchstaben, ja sie besteht für die Zahl und für die Länge der Strichelchen, mittels deren jene den Figuren angefügt sind. Es hat uns mit*

---

[5] His, W., Unsere Körperform, Leipzig 1874, S. 168 ff.

*anderen Worten Haeckel je drei Clichés desselben Holzstockes unter drei verschiedenen Titeln aufgetischt!«*

Hierzu muß folgendes gesagt werden: Wer das sogenannte *Biogenetische Grundgesetz* an den heute bekannten Fakten der menschlichen Entwicklung prüft, findet keine Bestätigung der *Haeckel*schen Vorstellungen. Vielmehr erkennt er, daß das Biogenetische Grundgesetz ein fundamentaler Irrtum der Biologie ist. Es ist heute nachgewiesen, daß Haeckels Vorstellungen falsch waren und daß alle Versuche, etwas von ihnen zu retten, mißlingen müssen. Seine Vorstellungen gelten auch nicht etwa in einem anderen Sinn oder nur im Prinzip oder nur für einzelne Fälle, oder – wie es in einem Lexikon[6] heißt – zu 70 %. Das *Biogenetische Grundgesetz* gilt gar nicht!

Das soll hier ausdrücklich betont werden, weil das *Biogenetische Grundgesetz* noch immer in Schulbüchern und insbesondere auch in Abhandlungen von Verhaltensforschern »herumgeistert«. Zwar haben sich »fortschrittliche« Biologen dazu entschlossen, das von *Haeckel* angenommene *Biogenetische Grundgesetz* nur noch als *»Grundregel«* anzusehen oder ihm nur eine heuristische Bedeutung zuzuerkennen. Sie anerkennen, daß der Mensch mit dem Beginn seiner Ontogenese biologisch menschlich sei, meinen aber, daß er als Mensch dennoch tiertypische Entwicklungsphasen durchlaufe. Die Verfechter der *Biogenetischen Grundregel* meinen sogenannte *Atavismen* und *Rudimente* beim Menschen zu finden und diese nicht anders als aus einem Erbe erklären zu können. Wie wir zu zeigen haben, sind aber beim Menschen weder Rudimente aus der Phylogenese noch Atavismen nachweisbar. Vielmehr entwickelt sich jedes Organ mit ontogenetischer Notwendigkeit. Das weiß man allerdings erst, seitdem genauere Untersuchungen der menschlichen Entwicklung gelangen.

In der Auffassung, der Mensch sei zwar mit der Befruchtung biologisch ein menschliches Wesen, durchlaufe aber Stadien, in

[6] Der neue Herder, Bd. 1, Freiburg 1970. Stichwort: Biogenetisches Grundgesetz.

denen sich tiertypische Merkmale zeigen, liegt ein Widerspruch: Wenn die Ontogenese eine menschliche Entwicklung ist, dann ist jedes ihrer Merkmale im Zusammenhang des ganzen ontogenetischen Geschehens humanspezifisch. Dann ist es aber auch nicht erlaubt, Entwicklungsmerkmale des Menschen mit Nomina zu belegen, die tierspezifische Merkmale kennzeichnen.

Hinsichtlich des *Haeckel*schen Grundgesetzes geht es heute nicht um eine Interpretation, um die Möglichkeit einer heuristischen Bedeutung, sondern um Sachkenntnis. Und diese Sachkenntnis verlangt die Aussage: Die Behauptung einer Rekapitulation der *Phylogenese* in der *Ontogenese* ist falsch.

Die phylogenetische Deutung von Entwicklungsvorgängen beim Menschen ist ein irriger Versuch, mit Kurzschlüssen etwas zu deuten und so auf bequeme Weise abzutun, was in Wahrheit durch intensive Forschungstätigkeit beim Menschen und auch beim Tier als ontogenetische Differenzierung aufgeklärt werden muß. Das Thema in der Entwicklungsbiologie ist nicht die Ähnlichkeit von Strukturen bei verschiedenen Lebewesen, sondern der Grund dieser Ähnlichkeit. Hier beginnt das naturwissenschaftliche Problem. Es ist kein geschichtliches, kein erbbiologisches, sondern zunächst ein biodynamisches.

Gewiß gibt es vergleichbare Verhaltensweisen bei verschiedenen Arten. Sie alle sind aber – sei es bei Mensch oder Tier – immer nur Prozesse in einem jeweils individualspezifischen ganzheitlichen Geschehen. Gegen diesen Befund ist kein Einwand, daß in jeder Phase der Ontogenese Prozesse ablaufen, die Einzelmerkmale haben, wie sie auch sonst in der belebten oder sogar in der unbelebten Natur vorkommen. Einzelne Merkmale wie Gewicht, Größe, Wassergehalt oder Eiweißketten können bei verschiedenen Spezies durchaus gleich sein. Im Zusammenhang des ganzen Organismus haben sie aber immer art- und individualspezifische Bedeutung. Das gilt für die Tiere ebenso wie für die Pflanzen. Die Merkmale der Gestaltung und das Verhalten des embryonalen Menschen haben Individualspezifität, ganz gleich, wie man über eine Evolutionstheorie denken mag. Die Fakten der Ontogenese bleiben davon völlig unberührt. Denn die Entwicklung des Menschen aus einer befruchteten menschlichen Eizelle ist schon zu Beginn menschlich: sie hat von Anbeginn menschliche Eigenart.

Um die notwendige Übersicht über den Körperbau junger menschlicher Embryonen, über seine Entwicklungsbewegungen und seine Stoffwechselfelder zu bekommen, war es notwendig, vergrößerte körperliche Abbildungen, sogenannte Schnittserienrekonstruktionen der verschiedenen aufeinanderfolgenden Stadien herzustellen.[7] Solche Rekonstruktionen müssen in der Regel fast 1 m hoch sein, um Einzelheiten im Zusammenhang sicher ermitteln zu lassen und die nachweisbaren Anlagen als Teile des Ganzen deutlich zu machen. Bisher fehlten solche Totalrekonstruktionen, denn das bislang benutzte Bienenwachs ist viel zu weich, temperaturempfindlich und daher unstabil, als daß man komplizierte Strukturen korrekt als Teil des ganzen Organismus hätte vergrößert demonstrieren können.

Die erste geschlossene Reihe von Totalrekonstruktionen der menschlichen Frühentwicklung, die bisher existiert, ist die Göttinger Humanembryologische Dokumentationssammlung. Ihr liegen mehr als 200 000 Einzelpräparate zugrunde.

Der durch Reihen von solchen Totalrekonstruktionen[8] möglich gewordene Nachweis von Entwicklungsbewegungen erlaubt bei Mitberücksichtigung oft schon weniger entwicklungsphysiologischer Daten wie Turgeszenz und elastischer Formfestigkeit oder Dichteunterschiede die Aussage, daß die morphologisch faßbaren Entwicklungsbewegungen regelmäßig Bewegungen gegen Widerstände bedeuten und damit Arbeit sind.

---

[7] Blechschmidt, E., Rekonstruktionsverfahren mit Verwendung von Kunststoffen, Z. Anat. Ent. *118*, 170–174 (1954)

[8] Blechschmidt, E., Die pränatalen Organsysteme des Menschen, Stuttgart 1973. Ders. Die vorgeburtlichen Entwicklungsstadien des Menschen, Basel 1961.

**Abb. 1**

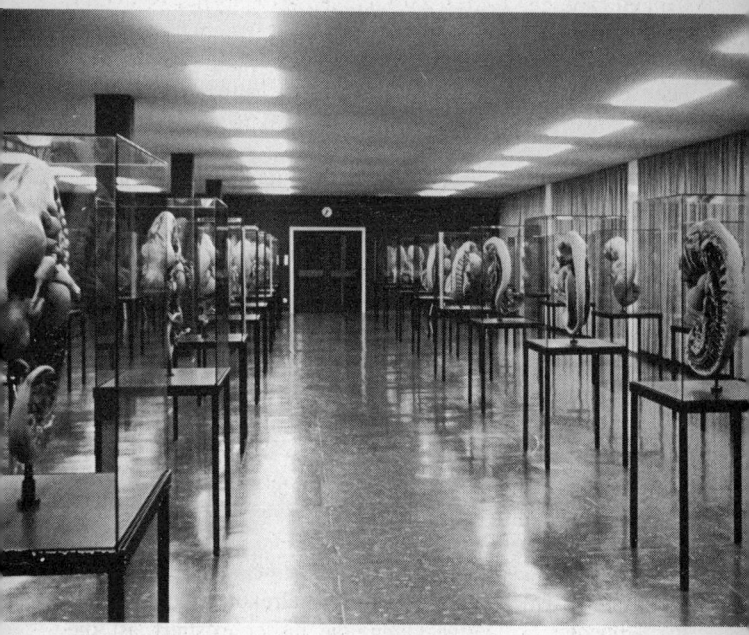

*Schnittserienrekonstruktionen der Humanembryologischen Dokumentationssammlung Blechschmidt, Universität Göttingen.*

Der morphologische Nachweis von Entwicklungsbewegungen ist deshalb nebenbei auch der Nachweis von frühen Leistungen, die gerade beim Menschen mit keinen anderen Methoden ermittelt werden können.

Die heute lückenlos gefundenen Stadien der menschlichen Ontogenese haben unmißverständlich und für jedermann verpflichtend ergeben, daß menschliche Eigenart schon mit der befruchteten Eizelle existiert. Es wird leicht übersehen, daß die befruchtete Eizelle mit allen ihren strukturellen Besonderhei-

23

ten schon gestaltlich ein Ganzes ist und damit mehr als nur ein Molekülverband.

Die Genetik hat uns darüber belehrt, daß die Chromosomen im ganzen Verlauf der Individualentwicklung sich nicht ändern, sondern immer typisch menschlich bleiben. Sie tragen immer nur menschliche »Information«. Sie könnten deshalb gar keinen allgemeinen oder gar spezifischen Säugetierplan rekapitulieren. Denn was sich da entwickelt, ist immer ein spezifisch menschliches Ei. Diese Aussage bestreitet nicht etwaige Ähnlichkeiten, wohl aber eine Erklärbarkeit der Ontogenese durch vermeintlich bekannte Stufen einer angenommenen Phylogenese. Was heute mit einem menschlichen Ei vererbt wird, hat ohne Ausnahme menschliche Eigenart, und für deren körperliche Realisierung ist die Phylogenese irrelevant.

Die Behauptung, der menschliche Keim sei zwar von Anfang an ein menschliches Wesen und deshalb schützenswert, zeige aber doch Organanlagen aus seiner Stammesgeschichte, trifft nicht zu. Wer sich diesen Vorstellungen anschließt, impliziert, der Mensch verwirkliche aus seiner Stammesgeschichte Ererbtes, habe sich also evolutiv entwickelt. Er anerkennt die Evolutionstheorie. Diese kann aber – um es noch einmal zu sagen – nicht mit der Ontogenese bewiesen werden!

Niemand hat zeigen können, welche Tiere etwa rekapituliert werden (*Haeckel* selbst spricht von 30 Arten), welche Stadien einer Tierart, frühembryonale oder ausgewachsene, in der menschlichen Frühentwicklung erscheinen. Warum soll vorübergehend ein Vogelherz auftreten, aber keine Vogelfedern gebildet werden, dafür aber ein Fell? Bringt man sich einmal ganz konkret den Anspruch des Biogenetischen Grundgesetzes zum Bewußtsein, so merkt man, welcher Suggestivvorstellung man mit *Haeckel* anhängt. Das Biogenetische Grundgesetz ist eine äußerst bequeme, aber in Wirklichkeit nichtssagende Deutung. Denn es sagt sachlich gar nichts aus: weder über eine kausale Genese der Gestaltung noch über die formale Genese.

Wenn man nun noch annehmen wollte, daß in den Genen das Muster der Differenzierung läge, dann wird die Frage völlig unbeantwortbar: Wo sollen in den Genen die Baupläne für alle die behaupteten vorübergehend durchlaufenen phylogenetischen Stadien verschlüsselt sein?

Die Individualität eines menschlichen Lebewesens bleibt von der Befruchtung an während der ganzen Dauer der Entwicklung bis zum Tode erhalten, und nur das Erscheinungsbild ändert sich. Das ist heute ein als elementares Prinzip in der Biologie nachgewiesener Sachverhalt. Danach zu suchen, in welchem Entwicklungsstadium ein Mensch aus einem menschlichen Ei hervorgehe, ist schon im Ansatz verfehlt. Denn ein Mensch wird nicht Mensch, sondern ist Mensch von der Befruchtung an. Wir sprechen von menschlicher Entwicklung nicht deshalb, weil aus einem vielleicht zunächst unspezifischen Zellhaufen im Verlauf der Entwicklung allmählich mehr und mehr ein Mensch entstünde, sondern weil sich der Mensch aus einer bereits menschlichen Zelle entwickelt. Es ist daher irreführend, von werdendem Leben zu sprechen. Menschsein ist kein Phänomen, das aus der Ontogenese resultiert, sondern eine Wirklichkeit, die eine Voraussetzung der Ontogenese ist. Grundsätzlich gilt folgendes: Entwicklung hat stets einen Träger, der durch den ganzen Prozeß der Entwicklung konstant erhalten bleibt. Mit anderen Worten: Ein Individuum bleibt während des ganzen Lebens als solches erhalten; was sich ändert, ist nur das Erscheinungsbild. Ähnlich wie in der anorganischen Natur das Prinzip von der Erhaltung der Energie gilt, so gilt in der belebten Natur das *Gesetz von der Erhaltung der Individualität*. Sie erhält sich während der ganzen Dauer der Entwicklung. Erhaltung der Individualität bedeutet Erhaltung eines schon mit dem Beginn der Entwicklung existierenden Ganzen. Die Erhaltung der Individualität wird materiell vor allem durch die Chromosomen gewährleistet, während das Zellplasma, das Zytoplasma, in Wechselwirkung mit den Chromosomen die schrittweise Änderung des Erscheinungsbildes im Verlauf der Ontogenese ermöglicht. Beispielhaft dafür ist das Zytoplasma bei Muskelzellen, Knorpel- und Knochenzellen oder Drüsenzellen jeweils charakteristisch verschieden, während die Chromosomen der Zellkerne im ganzen Körper einheitlich individualspezifisch sind. Wenn wir heute von Entwicklung sprechen, meinen wir also zweierlei: Erhaltung der Individualität einerseits und Änderung des Erscheinungsbildes andererseits, also Konstanz und Wandel. Beides gehört in der Entwicklung zusammen.

# 3. Das Problem der Homologisier-barkeit[9]

Wenn die Organe von Tieren erdgeschichtlich verschiedener Perioden nicht nur ähnlich, sondern nachweislich miteinander verwandt wären, wäre der Homologiebegriff eindeutig. Dann entsprächen alle Organe der verschiedenen Lebewesen einander, das Herz des einen dem Herzen des anderen, die Wirbelsäule des einen der Wirbelsäule des anderen und jeder einzelne Wirbel des einen genau jedem einzelnen des anderen, dann würde es keine Schwierigkeit sein, zu jedem Organ eines Lebewesens jeweils ein entsprechendes Organ bei einem anderen zu finden. Solche Organe wären homolog.

Tatsächlich aber ist die Verwandtschaft von Organen bei verschiedenen Lebewesen kein Befund, sondern nur eine sehr problematische Deutung. Denn die einzelnen Organe eines Lebewesens korrespondieren nicht mit denen eines anderen. Daher ist der Homologiebegriff sehr vage. So findet man z. B. für die Fettgewebsläppchen in der menschlichen Unterhaut keine Entsprechungen bei Tieren.[10]

Sicher ist es legitim, Ähnlichkeiten festzustellen, aber diese Ähnlichkeiten sagen nichts aus für das Verständnis der Ontogenese auch nur eines einzigen Organs. Vielmehr liegt es nach diesen Beobachtungen nahe zu fragen, ob der Homologiebegriff überhaupt in der exakten Naturwissenschaft sinnvoll angewandt werden kann. Vergleichende Anatomen und auch Entwicklungsbiologen stützen sich bei ihren Aussagen über das So-Sein des Menschen in vieler Weise auf die angebliche Homologie von Organen, weil sie glauben, vor allem auch vorübergehende Bildungen im menschlichen Körperbau anders nicht

---

[9]  Als homolog werden Körperteile bezeichnet, die trotz verschiedener Gestalt als stammesgeschichtlich verwandt gelten.

[10] Blechschmidt, E., Die Architektur des Fersenpolsters, Morph. Jahrb. *73*, 20–68 (1933).

erklären zu können. Als Beispiel für die vermeintliche Berechtigung ihres Vorgehens führen sie z. B. einen Dombau an, der im 13. Jahrhundert vollendet wurde und noch heute bisweilen Bausteine aus einer romanischen Epoche besitzt. In der Tat enthält ein Dom möglicherweise die verschiedensten Stilelemente. Anders der menschliche Körper. Er ist nicht aus Teilen zusammengestellt, sondern aus einem primären Ganzen entwickelt, »differenziert«. Seine Gestalt entsteht nicht mit übernommenen historischen Resten, sondern aus einem menschlichen Ei durch Wachstum. Das Erbe in einem menschlichen Ei ist immer typisch menschlich und kann nicht als Wiederholung oder Erinnerung an angenommene tierische Vorfahren gedeutet werden. Historische Relikte wurden in der Ontogenese nicht gefunden. Hier besteht bei Entwicklungsbiologen, Zoologen und Laien heute noch häufig das Vorurteil, daß es Relikte gäbe. Wer nach den behaupteten Resten in der menschlichen Entwicklung sucht, findet sie nicht. Es gibt sie nämlich nicht. Wer von Relikten spricht und meint, daraus Homologien ableiten zu können, hat nie selbst menschliche Embryonen untersucht.

Vielmehr sind die sehr verschiedenen Organe ein und desselben Organismus aufgrund ihrer gemeinsamen Ontogenese aus ein und demselben Keim viel enger miteinander verwandt als noch so ähnliche Organe verschiedener Lebewesen.

Alle Strukturen, die in der menschlichen Ontogenese entstehen, sind ontogenetisch notwendig und keine Überbleibsel aus der Vergangenheit. Organische Differenzierungen sind nie Wiederholungen, sondern jeweils immer wieder ursprüngliche Ereignisse, so neu und so ursprünglich wie jedes neu gegebene Autogramm.

Während kein Historiker ein Ereignis als Wiederholung und Erinnerung früherer Geschehnisse erklären würde, soll merkwürdigerweise auf biologischem Gebiet mit Entwicklungsprozessen gerechnet werden können, die eine Wiederholung lange zurückliegender stammesgeschichtlicher Ereignisse sind. Wenn heute ein Chemiker die Vierwertigkeit von Kohlenstoffverbin-

dungen zwingend begründen will, dann kann er zwar Kohlenstoffverbindungen früherer Erdzeiten mit heutigen Kohlenstoffverbindungen homologisieren, er kann aber diese Ähnlich-
keiten (»Homologien«) nicht als Erklärung anbieten und die im
Labor hergestellten Kohlenstoffverbindungen als Relikte und
Wiederholungen auffassen. Wenn ein Ingenieur den Schiffsbau
begründen will, kann er zwar moderne Schiffe mit veralteten
Typen früherer Jahrhunderte vergleichen, diese aber nicht als
Erklärung für die moderne Konstruktion anführen. Ebenso ist
ein historischer Hinweis auf die Rostbildung im Altertum bei der
Feststellung von heute rostenden Eisennägeln sicher erlaubt.
Dieser Hinweis erklärt aber nicht die Natur des Geschehens.
Rost bildet sich durch Oxidation, d. h. unter bestimmten mate-
riellen Voraussetzungen bei physikalisch näher zu bestimmen-
den Bedingungen, also ontogenetisch, ohne Rücksicht darauf,
welche historische Bedeutung einmal Rost gehabt haben mag.

Hier ist es wichtig, Illusionen in unseren Begriffen und unserem
Denken zu vermeiden. Solange man die Organe nicht im
Rahmen der individuellen Körperentwicklung versteht,
erscheinen manche als Relikte. Tatsächlich gibt es jedoch keine
atavistischen Organe. Jedes Organ eines Embryo funktioniert
perfekt. Jedes ist konstruktiv notwendig. Der Annahme, man
dürfe homologisieren und diese Homologien als Erklärungen
für die Differenzierung des menschlichen Körpers verwenden,
ja, man könne sogar nur und allein auf diese Weise das Warum
vieler Entwicklungsvorgänge aufklären, liegt ein Mangel an
Erfahrung und ein Methodenfehler zugrunde:

Homologien sind historisch gedeutete Ähnlichkeiten. Aber die
historische Methode ist zum Nachweis von naturwissenschaftlichen Gesetzmäßigkeiten keine adäquate, sondern eine falsche
Methode.

*Haeckel* meinte, und diese Auffassung wiederholen Evolu-
tionsbiologen, wenn es eine Evolution gäbe, müsse sich in den
Nachkommen etwas aus ihr erhalten, vererbt haben. Wenn
man das Ererbte fände, wäre damit dieses selbst erklärt und

gleichzeitig die Evolutionstheorie bewiesen. Man »mußte« also gleichsam Ererbtes finden. Hier steckt die eigentliche Versuchung, nach Homologien zu fahnden. Ähnlichkeiten sind jedoch noch kein Beweis für Vererbung. Abgesehen davon würde mit einer solchen angenommenen Merkfähigkeit für das Vergangene den Genen Unmögliches zugemutet. Man stelle sich konkret vor, daß diese nun auch noch neben ihrem angenommenen Plan für das Was, Wo und Wann der Differenzierung einen langen historischen Plan verwirklichen müßten!

Das naturwissenschaftliche Problem ist nicht die historische Deutung des menschlichen Körperbaus, sondern die heute nachweisbare Gesetzmäßigkeit seiner Differenzierung. So würde eine historische Betrachtung das Problem nur verlagern, weil sie immer nur zu dem Ergebnis kommt, schon früher habe es diese oder jene Ereignisse gegeben. Vielmehr ist zu fragen: Wie kommt der Hund zu seiner Leber, seiner Lunge und seinen Augen? Oder wie kommt der Fisch zu seinen Flossen, Kiemen oder Gefäßen? Die naturwissenschaftliche Frage ist, welche Gesetzmäßigkeiten gelten für jede einzelne Differenzierung? Wie kommt es also, daß bei vielen Tieren ähnliche Organe und ähnliche Organfunktionen wie beim Menschen gefunden werden, obwohl jedes Lebewesen unwiederholbare Eigenart hat? Hier gilt es, die gemeinsamen Gesetze zu erkennen, nach denen die Differenzierungen bei verschiedenen Spezies ablaufen.

Nach *Konrad Lorenz* und seiner Schule soll sich auch das Verhalten des Menschen als eine Wiederholung tierischer Verhaltensweisen verstehen lassen. *Lorenz* spricht sogar von den phylogenetischen Grundlagen kultureller Entwicklung: *». . . ist der Mensch durch ein typisches stammesgeschichtliches Werden zu dem Kulturwesen geworden, das er heute ist. Die Umkonstruktion, die das menschliche Gehirn unter dem Selektionsdruck des Kumulierens von traditionellem Wissen erfahren hat, ist kein kultureller, sondern ein phylogenetischer Vorgang. Sie hat sich nach der Fulguration des begrifflichen Denkens vollzogen.«*[11] Diese Behauptung, daß Denken möglich gewe-

---

[11] Lorenz, K., Die Rückseite des Spiegels, dtv München 1977, S. 226.

sen sei, schon bevor ein hochdifferenziertes Gehirn entwickelt war, ist nicht bewiesen. Alle medizinischen Erfahrungen sprechen dagegen. Es hat sich immer wieder gezeigt, daß das Gehirn schon eine sehr komplizierte Differenzierung durch Wachstum erreicht haben muß, bevor jene Gehirnfunktionen zur Entwicklung kommen, die nachgewiesenermaßen mit geistiger Tätigkeit verbunden sind.

Wir sehen ein biologisches Prinzip darin, daß ohne Ausnahme Wachstumsvorgänge eine unabdingbare Voraussetzung für Verhaltensweisen einschließlich geistiger Tätigkeit sind. Damit ist allerdings nicht behauptet, geistige Tätigkeit sei nichts anderes als das Ergebnis von Wachstumsvorgängen. Vielmehr setzen wir die Geistbegabung eines Menschen als typisches Charakteristikum des Menschlichen voraus. Da menschliche Tätigkeit nicht nur ein rein individuelles Geschehen ist, sondern weit über das Individualgeschehen hinausgreifende Kontakte voraussetzt, kann im besonderen geistige Tätigkeit nicht einfach als individuelles Geschehen aufgefaßt werden. Wahrscheinlich darf man geistige Tätigkeit generell als Merkmal eines Kulturkreises ansehen. Darauf weist schon die Sprache mit unmißverständlicher Deutlichkeit hin.

Menschliche Verhaltensweisen und gesellschaftliche Normen können aber nicht mit »homologem« tierischem Verhalten begründet werden. Denn sie haben eine wesentlich geistige Voraussetzung, die in der personhaften göttlichen Offenbarung gesehen wird. Hier kommt es ohne transzendentalen Bezug leicht zu der Auffassung, daß der Mensch nichts anderes sei als ein höherentwickeltes Tier. Und dies besagt, daß er willkürlich manipulierbar sei. Gewiß gibt es auch vergleichbare Verhaltensweisen. Sie alle aber sind, sei es bei Mensch oder Tier, immer nur Teilprozesse eines individualspezifischen Ganzen, mit dem allein sie unmittelbar zusammenhängen.

Wenn wir in der menschlichen Ontogenese beispielsweise bei der Skelettentwicklung bindegewebige Vorbildungen finden, so finden wir diese als ontogenetisch notwendige Strukturen und nicht etwa als stehengebliebene Ruinen aus Zeiten, da der Mensch vermeintlich noch Fisch war. Fragen wir noch einmal konkret: Wie sollte ein Oberschenkelknochen oder eine Schädelbasis »wissen«, in welchem Zeitpunkt an welchem Ort Knochengewebe, jeweils harmonisch in das Ganze eingebaut, entstehen soll? Denn das ist doch das Erstaunliche: jede Differenzierung »paßt« zu jedem Zeitpunkt genau in das Ganze des Körpers. Alle Organe korrelieren in ihrer Entwicklung miteinander, sie sind aufeinander bezogen und funktionieren im Rahmen eines jeweils einzigartigen Ganzen.

Der Homologiebegriff, der die Deutung der menschlichen Entwicklung als Rekapitulation einer angenommenen Phylogenese unterstützen will, und damit das Postulat von Atavismen führen konsequenterweise zu der Behauptung, daß in einem jeweils eigen-artigen Lebewesen Merkmale auch fremder Wesen enthalten seien.

Eine solche Annahme widerspricht dem fundamentalen Gesetz von der Erhaltung der Individualität während der ganzen Dauer der Entwicklung. Was sich in der menschlichen Ontogenese entwickelt, besitzt entsprechend diesem Gesetz ohne eine einzige Ausnahme menschliche Eigenart, ebenso wie das, was sich in der Ontogenese beispielsweise einer Krähe oder eines Igels entwickelt, stets zu diesem Lebewesen paßt.

Deshalb bestreiten wir das von *Haeckel* angenommene *Biogenetische Grundgesetz* und damit auch das heute analog formulierte sogenannte *psychogenetische Grundgesetz*. Wir wiederholen noch einmal: Der Gedanke der Homologie beinhaltet die irrtümliche Vorstellung, daß Merkmale verschiedener Lebewesen direkt aufeinander zurückgeführt werden könnten. Und eben dies ist ein Irrtum. Jede Differenzierung entwickelt sich aus einer Eizelle im Rahmen von ganzheitlichen Entwicklungsprozessen, in denen jedes Organ auf jedes andere bezogen und immer von Anfang an individualspezifisch ist.

# 4. Die Idee der Evolution

In diesem Zusammenhang scheint es wichtig, auf den Begriff der Evolution einzugehen, weil er meist gleichbedeutend mit »Entwicklung« verwandt wird. Rein sprachlich bedeutet Evolution ja Entwicklung. Evolution meint aber Entwicklung im Sinn von Fortschritt und sollte daher nur im Sinn von Entwicklungsgeschichte verstanden werden, z. B. Geschichte der Erde und der Lebewesen. Heute kommen zwar Zweifel auf, ob Evolution als ein Prozeß vom »Niederen« zum »Höheren« überhaupt eine Entwicklung ist. Dennoch ist der Gedanke der Evolution heute so beherrschend, daß die meisten biologischen Abhandlungen vor dem Hintergrund dieses Begriffs stehen. Problemstellungen, Methoden, Befunderhebungen und Schlußfolgerungen in den verschiedensten biologischen Bereichen zeigen, daß der Evolutionsgedanke heute eine Grundidee ist.

Einer der bekanntesten Philosophen, der den Evolutionsgedanken verfolgte, war schon *Hegel* (1770–1831). Auf ihn beruft sich nicht nur *Ernst Haeckel* (1834–1919), sondern vor allem auch Marx. Durch *Karl Marx* wurde der Evolutionsgedanke zu einem sozialpolitischen Grundbegriff. Das Aufsehen, das Darwins Veröffentlichung »Die Entstehung der Arten« erregte, zeigt, wie populär der Evolutionsgedanke damals schon war. *Darwins* »natürliche« Erklärung der Entstehung der Arten kam dem Geschmack seiner Zeit entgegen, alles natürlich verstehen zu wollen, d. h. von der Idee eines Schöpfers, der uns vielleicht beherrschen könnte, endlich befreit zu sein. Diese Idee ist noch heute eine wesentliche Grundlage der Evolutionsideologie, wenn sie auch hinter der Fassade wissenschaftlicher Apparaturen und wirtschaftlichen Managements zunächst nicht auffällt.

Der Evolutionsgedanke hat in unserer Zeit der Technisierung besonderes Gewicht bekommen, weil sich heute viele weniger einer höheren Macht als vielmehr ihresgleichen in einer weithin gemachten Welt ausgeliefert sehen. Heute wird die alte Frage

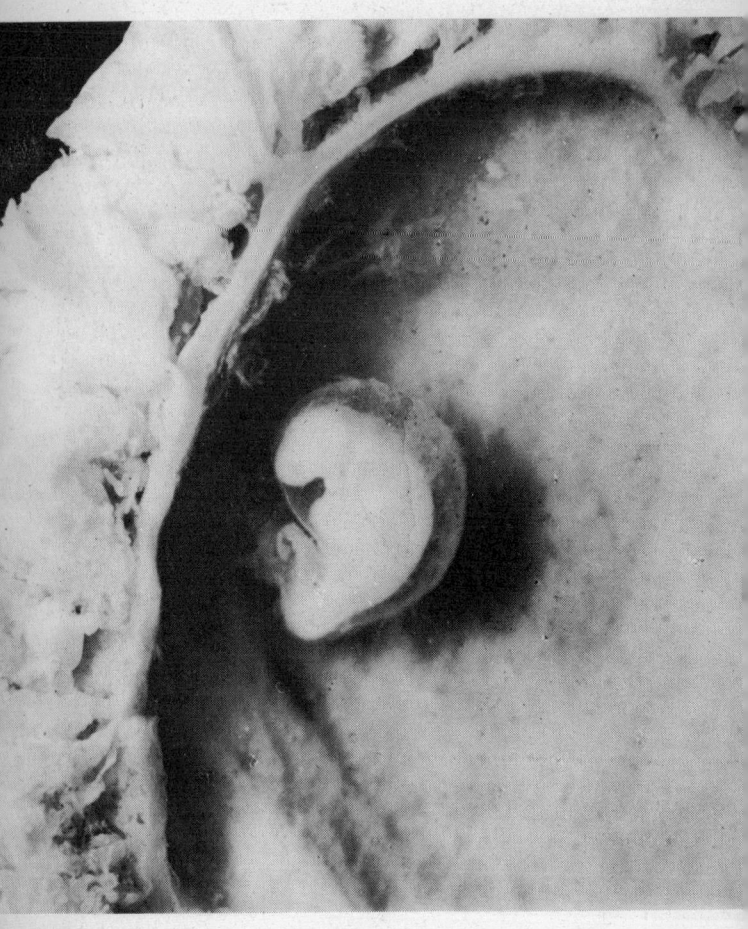

3,4 mm großer menschlicher Embryo (mit Amnion) im Ei. 27 Tage alt. Humanembryologische Dokumentationssammlung Blechschmidt.

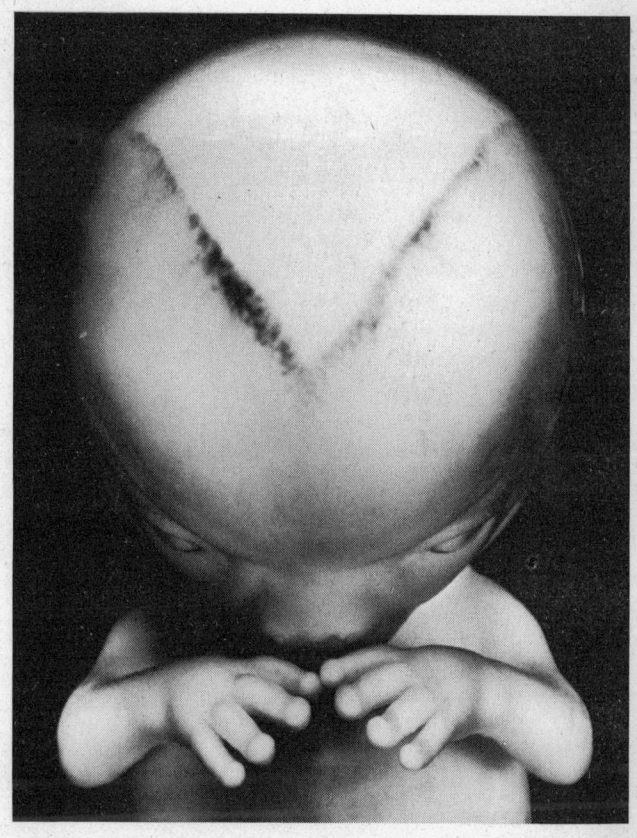

*Gesicht eines 29 mm großen Embryo, Ende der achten Woche.
Die (dunkle) Gefäßgrenze im Kopfbereich ist Ausdruck des
schnellen Gehirnwachstums, das in dem glatzenförmigen
Abschnitt der Haut des Oberkopfs einwachsende Blutgefäße so
sehr im Raum beengt, daß die Gefäßsprossung hier nur langsam
fortschreitet.*

nach dem Sinn des Lebens neu gestellt und oft rein naturwissen-
schaftlich, ja sogar rein molekularbiologisch beantwortet[12].
Man spricht von der Diktatur der Gene. Damit könnte das
Thema Evolution – wenn wir nur an die Möglichkeit von
Genmanipulationen denken – eine tragische Bedeutung be-
kommen.

Tatsächlich ist der Evolutionsgedanke eine beachtliche Spekulation, jedoch keineswegs eine gesicherte Theorie. Paläontolo-
gische Befunde geben keine Beweise *(Scheven*[13]*)*, und die
heutige Vorstellung von Mutationen als einem zureichenden
Prinzip des Evolutionsgeschehens ist fragwürdig. Wenn Mutationen als zufällige Ereignisse aufgefaßt werden, erweckt der
Begriff Evolution die Vorstellung, die Entstehung der Arten
und des Lebens selbst sei wesentlich ein zufälliger Prozeß, man
kann auch sagen, ein eigen-mächtiges Geschehen, das zu einer
sogenannten Selbstorganisation geführt habe.

Besonders von *Monod* wurde als Urheber evolutiver Verände-
rungen reiner Zufall im Sinn eines Zusammentreffens von
Ereignissen angesehen, die selbst nichts miteinander zu tun
haben. ». . . daß einzig und allein der Zufall jeglicher Neue-
rung, jeglicher Schöpfung in der belebten Natur zugrunde liegt.
Der reine Zufall, nichts als der Zufall, die absolute blinde
Freiheit als Grundlage des wunderbaren Gebäudes der Evolution – diese zentrale Erkenntnis der modernen Biologie, ist . . .
die einzig vorstellbare (Hypothese). Und die Annahme (oder
die Hoffnung), daß wir unsere Vorstellungen in diesem Punkt
revidieren müßten oder auch nur könnten, ist durch nichts
gerechtfertigt![14]« Nach *Monod* ist der Zufall in der Evolution
existentiell; es treffen Ereignisse zusammen, die total unabhängig voneinander sind und daher gar nichts miteinander zu tun
haben. Evolutionäre Ereignisse nehmen ihren Ursprung in

[12] Dawkins, R., Das egoistische Gen, Berlin/Heidelberg 1978.
[13] Scheven, J., Daten zur Evolutionslehre im Biologieunterricht. Wort und
Wissen, Bd. 2, Neuhausen/Stuttgart 1979.
[14] Monod, J., Zufall und Notwendigkeit, dtv München ³1977, S. 106.

wesentlich Unvorhersehbarem, d. h. wesentlich Zufälligem. *Monod* nahm an, daß Evolution ausschließlich auf molekularen Prozessen beruhe, die rein zufällig auftreten. Nach *Monod* ist alles Geschehen, als Ergebnis von Zufall aufgefaßt, als sinnlos anzusehen. Gegen dieses Konzept ist als Einwand zu erheben, daß es konsequenterweise jede personale Freiheit des einzelnen Menschen leugnet und grundsätzlich ablehnt, daß neben einem naturwissenschaftlichen Weltbild auch noch andere Vorstellungen Realität hätten. Nach Monod müssen Begriffe wie Ursprünglichkeit oder geistige Wirklichkeit abgelehnt werden. Einem durch Zufall entstandenen Lebewesen, das keine Freiheit besitzt, ist keine Schuld anzulasten, aber auch keine Verantwortung zu übertragen. Eine moderne atheistische Gesellschaft ist daher notwendigerweise unfrei. In Konsequenz der angenommenen Selbstorganisation der Lebewesen führt diese Evolutionsidee schließlich zu der »autistischen« Zielvorstellung der Selbstverwirklichung des Menschen, d. h. der Selbstorganisation auch auf geistig-seelischem Gebiet.

Die Idee der Evolution ist eine oft vertretene Grundauffassung und wesentlicher Inhalt bestimmter Weltanschauungen und Ideologien. Nach ihr ist jedes Entwicklungsgeschehen evolutiv, auch die ontogenetische Entwicklung. Um mit Recht von Entwicklung zu sprechen, bedarf es jedoch des Nachweises eines Erhaltungsprinzips[15]. Denn nur das kann sich entwikkeln, was schon zu Beginn der Entwicklung als Totalität existiert und dann trotz äußerer Änderungen in seinem Wesen unverändert bleibt. Es wäre deshalb notwendig zu benennen, was sich während der Entwicklungsgeschichte der Erde erhält, wenn völlig neue Arten von Pflanzen und Tieren in der sogenannten Phylogenese entstehen. Von einem biologischen Erhaltungsprinzip in der Erdgeschichte ist bisher jedoch nichts bekannt. Ein solches Erhaltungsprinzip, vergleichbar dem Prinzip von der Erhaltung der Individualität während der Ontogenese,

---

[15] Das Erhaltungsprinzip der Ontogenese betrifft die Erhaltung der ganzen leibseelischen Einheit, der Individualität, nicht aber Baupläne oder biochemische Prozesse.

müßte man jedoch auch in der Stammesgeschichte fordern, wenn man annimmt, daß auch die Entstehung des Menschen im Verlauf einer Erdgeschichte Zeichen einer wirklichen Entwicklung wäre. Man müßte sogar auch erwarten, daß dann das Prinzip der Unterteilung nicht nur die Ontogenese, sondern auch die Stammesgeschichte kennzeichnet. Das Prinzip der Unterteilung ist ein Gesetz, das für die ganze menschliche Ontogenese gilt, ein Prinzip, das die Erhaltung der Einheitlichkeit (Ganzheit) des Organismus ermöglicht. Das Prinzip der Unterteilung beinhaltet, daß die Eigenart und damit die Spezifität in allen Phasen der Entwicklung erhalten bleibt. Nach dieser Vorstellung dürften wir dann vielleicht die Menschwerdung nicht als eine Höherentwicklung, sondern als eine Entstehung im Rahmen einer Unterteilung der gesamten belebten Welt auffassen. Eine Übertragung des in der Ontogenese immer wieder erkennbaren Prinzips der Dreigliedrigkeit auf die Erdgeschichte ließe die Vorstellung zu, daß der Mensch zwischen Pflanze und Tier sozusagen als Mittelpunkt, nicht aber als Endglied einer Höherentwicklung am Rande des Tierreichs entstanden sei. Dies hat sich jedoch nicht nachweisen lassen.

Der Versuch, die Evolution des Menschen mit seiner Ontogenese zu beweisen, ist – wie bereits gezeigt wurde – nicht gelungen. Die Befunde widersprechen dem angenommenen Biogenetischen Grundgesetz. Umgekehrt haben Untersuchungen der Ontogenese des Menschen eindeutig ergeben, daß der Begriff der Evolution zum Verständnis der Individualentwicklung und des menschlichen Körperbaus völlig irrelevant ist. Man kann weder die Ontogenese aus der Phylogenese noch diese aus der menschlichen Ontogenese deduzieren. Niemand bezweifelt, daß ohne die Geschichte unserer Erde unsere Gegenwart nicht denkbar wäre. Aber der menschliche Körper in seiner heutigen Gesetzmäßigkeit kann dennoch nicht aus der Geschichte, sondern nur als Folge seiner heutigen ontogenetischen Entwicklung genauer beschrieben werden. Das gilt für den morphologischen wie für den seelischen Bereich in gleicher Weise.

Die mit dem Evolutionsbegriff verbundene Vorstellung einer Entwicklung vom Niedern zum Höheren ist mit den Befunden der Ontogenese nicht in Einklang zu bringen.

Das übliche Bild des Stammbaums verleitet dazu, eine einzige Hauptrichtung im Sinne einer Höherentwicklung der Lebewesen anzunehmen und dabei den doch sehr auffälligen Rhythmus von Fortpflanzung und Wachstum außer acht zu lassen. Denn im Bild des Stammbaums werden jeweils nur die ausgewachsenen Endstufen miteinander verglichen. Die somatische Entwicklung aber, die eine sehr komplizierte Voraussetzung für den Generationenwechsel ist und damit dann indirekt auch für die Selektion wäre, wird mit der Vorstellung eines Weiterwachsens im Sinn einer Höherentwicklung nicht einsehbar gemacht. Schon aus diesem Grund, weil Mutation und Selektion immer eine ontogenetische Entwicklung voraussetzen, kann der Evolutionsgedanke nicht als eine umfassende Entwicklungstheorie bezeichnet werden, die ein Verständnis der Ontogenese einschließt. Ein junges Ei hat eine extrem hohe Ursprünglichkeit (Potenz) und diese nimmt mit fortschreitender Ontogenese, also mit dem Altern ab. Der gereifte Organismus ist kein höheres Wesen als ein Ei. Vielmehr ist jedes auf seiner Stufe vollkommen im Sinne, daß hier eine leib-seelische Ganzheit vorhanden ist, die ein menschliches Wesen in seiner Einmaligkeit und Einzigartigkeit konstituiert.

Evolutionstheorie ist eine Geschichtstheorie. Sie könnte die Geschichte der ontogenetischen Entwicklungen sein. Aber diese Geschichte beschreibt nicht ein einziges Mal eine tatsächliche Ontogenese. Vorstadium oder Frühstadium eines menschlichen Organs ist aber immer die Eizelle und nicht irgendein prähistorisches Organ! An dieser Situation führt kein Wenn und kein Aber vorbei! Das vermeintliche Biogenetische Grundgesetz ist eine Mutmaßung *Haeckels* gewesen, mit der er die Deszendenztheorie *Darwins* als eine verbindliche Evolutionslehre beweisen wollte.[16] Ihr kommt heute jedoch nur noch

---

[16] Haeckel, E., a.a.O. S. 237.

historisches Interesse zu, weil inzwischen die Phasen der menschlichen Entwicklung als ontogenetisch notwendig erwiesen sind. Aber der menschliche Körperbau und seine spezifischen Verhaltensweisen können als Wiederholungen weder aufgezeigt noch in einer zwingenden Weise gedeutet werden. Der Unterschied zwischen stammesgeschichtlichen Vorstellungen und Ontogenese ist vielmehr so groß, daß die Befunde der menschlichen Ontogenese völlig unabhängig von allen paläontologischen Untersuchungen erarbeitet werden mußten. Heute, wo uns geschlossene Reihen der ontogenetischen Stadien vom Menschen vorliegen, ist es nicht mehr erlaubt, Beobachtungen an Tieren unkorrigiert auf den Menschen zu übertragen und diese vermeintlich übertragbaren Beobachtungen bereits Prinzipien zu nennen.

Das Gesagte mag ein Beispiel aus der Physik deutlich machen. Die Geschichte der Beleuchtungskörper – vom Spanlicht über die Öllampe zur Glühbirne – beantwortet weder die Frage nach den Eigenschaften der heutigen Glühbirnen noch die nach der Physik des Lichts. Wer das eine wie das andere kennenlernen will, muß sich den Fabrikationsvorgang von Glühbirnen anschauen und versuchen, mit physikalischen Methoden über die Gesetze der optischen Erscheinungen Klarheit zu gewinnen. Ein Historiker mag vielleicht eine Entwicklungsreihe von Fahrzeugen aufstellen, die beispielsweise von der Pferdekutsche bis zum heutigen Rennwagen reicht. Damit werden aber nicht die morphologischen und physikalischen Eigenschaften der heutigen Kraftwagen verständlich, noch die Verfahren ihrer Herstellung.

# 5. Die Überschätzung der Gene

An dieser Stelle ist es notwendig, auf die Frage einzugehen: Wer steuert die Differenzierung? Bei der Antwort kann man zunächst an die Gene denken und postulieren, daß in ihnen der Bauplan des ganzen Organismus verschlüsselt sei.

Charakteristisch für den Beitrag der genetischen »Information« zur Differenzierung ist, wie man heute weiß, jedoch nicht die genetische Substanz an sich, sondern vielmehr die Art und Weise ihrer Ablesung. Würde nicht vom Zellplasma aus, je verschieden bei den einzelnen somatischen Zellen, an der DNS, deren individualspezifischem Code (Stoffwechselmöglichkeiten) entsprechend, Maß genommen für die Eiweißproduktion, fände keine Differenzierung statt. Die Gene selbst können von sich aus nämlich nicht agieren, da sie keinen Motor haben. Hypothetisch stellt man sich vor, daß bei dem Prozeß der Differenzierung ein Regulatorgen chemische Repressoren freigibt, die codegesteuert eine gezielte Ablesung von jeweils benötigten DNS-Sequenzen ermöglichen oder sperren. Wobei dann selbstverständlich zu fragen wäre: Wer steuert das Regulatorgen?

Seitdem 1833 *Brown* den Zellkern entdeckte und dann später eine färbbare Struktur in ihm nachgewiesen wurde, die sogenannten Chromosomen, konnten zu Beginn des 20. Jahrhunderts, vor allem gefördert durch Correns, die Chromosomen als wichtige Erbträger erkannt werden. Seit *Chargaff* sind sogenannte Kernkarten aufgestellt worden, die es erlauben, an dem fadenförmigen Riesenmolekül, der DNS, eine dichte Kette von Angriffspunkten anzunehmen, an denen im Verlauf des Differenzierungsgeschehens die perinucleare Substanz (das Zytoplasma) angreift, um bei der Entwicklung vor allem der höheren Organismen ihre Differenzierung zu ermöglichen. Denn die Gestaltungsarbeit leisten nicht die Gene – ihnen fehlt Energie und der Motor zur Differenzierung –, sondern der Stoffwechsel im Zytoplasma. Differenzierungsarbeit ist Wachstumsarbeit, und diese geschieht mit Hilfe des Zytoplasmas.

Hier sind Mißverständnisse zu überwinden, nämlich die vielfach verbreitete Meinung, daß in den Genen nicht nur der ganze spätere Körperbau, sondern auch seine Entwicklung, ja sogar seine Funktionen und ihre Entwicklung vorprogrammiert wären.

Die DNS ist ein Riesenmolekül, das man sich als Faden vorstellt, der spaltbar und durch Anlagerung komplementärer Basen an die Spalthälften replizierbar ist. Die Spaltbarkeit und invariante Replizierbarkeit ermöglicht, wie wir heute als erwiesen ansehen, die Übertragung der genetischen Substanz von einer Generation auf die andere. Auf der invarianten Replikation auch im Laufe der Differenzierung selbst beruht die materielle Voraussetzung für die Erhaltung der Individualität eines Organismus. Man weiß, daß die Anordnung der an der Kernsäure beteiligten Basen unmittelbar für die Eiweißbildung in den Zellen von Bedeutung ist. Begriffe wie »Anweisung« durch die Gene oder »Ablesung« genetischer Information sind jedoch nach wie vor ein offenes Problem. Denn entscheidend ist nicht die genetische Substanz als solche, sondern wie sie »abgelesen« wird. Z. B. kann die gesamte im DNS-Band linear angeordnete codierte Basensequenz sukzessive oder partiell abgelesen werden. Beim Menschen ist wegen der Vernetzung der Chromosomenfäden besonders die partielle Ablesung von großer Bedeutung.

Im Rahmen dieses Konzeptes ist die Frage, wie die materielle Beschaffenheit, die Chemie der Gene, mit der körperlichen Gestaltung in Beziehung steht, nach wie vor ungelöst. Es ist zwar sicher, daß die genetische Substanz beteiligt ist an der Eiweißbildung, es ist aber nichts darüber bekannt, wie die Eiweißbildung ihrerseits zur dreidimensionalen Gestaltung des Körpers beiträgt. Der Weg zur Verwirklichung des sogenannten Genotyps in den Phänotyp ist völlig ungeklärt. Das hängt u. a. damit zusammen, daß es keine Gestaltungsstoffe, sondern nur Gestaltungskräfte gibt. Diese Gestaltungskräfte wiederum sind jedoch keine physikalischen Kräfte an sich. Den Begriff der Gestaltungskraft gibt es in der Physik nicht, worauf besonders *Heitler*[17] hinweist. Gestaltungskräfte sind Ausdruck eines Gestaltungsprinzips, das auf der Grundlage des Lebendigen mehr ist als physikalisch-chemisch verrechenbar. Die *chemischen Prozesse* und die *räumliche Gestaltung* des Organischen sind zwei verschiedene Ordnungen, die unmittelbar nicht aufeinander rückführbar sind. Die DNS kann niemals eine Zelle machen; eine Zelle ist vielmehr schon zu Beginn der Differenzierung gegeben und hat bereits eine Gestalt, bevor sie zu wachsen beginnt und dabei Änderungen ihrer Gestalt hervorbringt. Zellkern und Zelleib sind nicht aufeinander zurückführbar. Dabei muß ein Stoffwechselkreislauf in der Zelle vorausgesetzt werden. Stoffaufnahme durch die Zellmembran, also von außen, führt über das Zellplasma zu Reaktionen im Kern und von dort rückwirkend zu Stoffwechselprozessen im Zytoplasma bis zur Zellgrenzmembran. In diesem Kreisprozeß spielt die genetische Substanz eine wichtige, aber für die Differenzierung nicht zureichende Rolle. Differenzierung verlangt danach mehr als genetische Information. Sie verlangt auch Gestaltungsarbeit eines zugehörigen extragenetischen Substrats. Hier sind viele komplexe Faktoren wie Wachstumsverschiedenheiten, Oberflächenspannungen etc. beteiligt. Darauf weisen besonders die Botaniker hin, die es mit vergleichsweise einfachen Objekten zu tun haben[18].

Die DNS könnte als ein Kochbuch aufgefaßt werden, das der Körper für seine Differenzierung braucht. Unklar ist aber, wer der Koch in der Küche ist. Unklar ist besonders, wie der Körper aus der Menge der bereitgestellten Rezepte auswählen kann, um die richtigen Gene zu benutzen. Denn die Existenz der Gene allein bedeutet noch nicht, daß sich aus ihnen der Verlauf der Differenzierung ergibt. Mit der Kenntnis von Genmolekülen ist die Frage, wie oder wann es geschieht, daß sich die Zellen differenzieren, noch nicht gelöst. Denn im Organismus sind alle Zellen mit den gleichen Genen ausgestattet.

[17] Heitler, W., Die Natur und das Göttliche, Zug 1974, S. 45 ff.
[18] Marquard, H., Freiburg 1980, mündl. Mitteilung./Matile, Ph., Entwicklung einer Blüte, Veröffentl. d. Naturforsch.-Ges. Zürich 1977, S. 38.

Gegen die Vorstellung eines Bauplans, eines Musters, der in den Genen verschlüsselt sei, hat der Morphologe daher Bedenken. Denn es ist indiskutabel, annehmen zu wollen, daß die Gene, die in jeder Zelle des menschlichen Körpers die gleichen sind, in jedem Bruchteil einer Sekunde, an jedem Ort des Organismus während der ganzen Entwicklung von sich aus wüßten, aufgrund ihrer jeweiligen Beschaffenheit, wo sie und wann sie was zu differenzieren hätten. Um von sich aus die Differenzierung zu bestimmen und einen vorgegebenen Plan zu verwirklichen, bräuchten sie nicht nur einen Materialplan, sondern auch einen Zeit- und Raumplan. Die Gene wären überfordert, sollten sie von sich aus »wissen«, wie die Differenzierung folgerichtig und geordnet abzulaufen habe. Zum besseren Verständnis dieser Situation sei exemplarisch eine ebenso unhaltbare Argumentation von *C. G. Jung* herangezogen:

*Jung* nimmt an, daß in sogenannten Archetypen negative wie positive, unheilvolle und heilvolle Bilder Gestalt gewinnen. »Die Bilder enthalten nicht nur alles Schönste und Größte, das die Menschheit je dachte und fühlte, sondern auch jede schlimmste Schandtat und Teufelei, deren die Menschen je fähig waren«[19]. Konkret: Wie soll das alles »aufbewahrt« sein? In den genannten Argumentationen zeigt sich die Fragwürdigkeit einer Spekulation, nach welcher der Körperbau des Menschen und sogar sein geistiges Verhalten allein auf den Informationen der Gene beruhen soll. Bei einer solchen Vereinfachung führt der Begriff »Information« zu einer falschen Vorstellung von den Eigenschaften der Zelle: Er läßt ihren Systemcharakter, ihre Ganzheit außer acht. Er berücksichtigt nur einen Teil der Zelle, nämlich die Gene. Dadurch kann er zu einem Suggestivbegriff werden.

Ebensowenig wie eine Sandbank aufgrund ihrer chemischen Beschaffenheit von sich aus bei Ebbe Riffelungen hervorbrin-

---

[19] Jung, C. G., Zwei Schriften über analytische Psychologie – Gesammelte Werke VII, Olten/Freiburg ²1974, S. 76.

gen kann, sondern der Kraft des Windes und des Ansturms der Wellen bedarf, weil sie eben keinen Bauplan der Riffelungen enthält, ebensowenig sind Gestaltungsstoffe, sondern Gestaltungskräfte die unmittelbaren Motoren der Phaenogenese.

Bekanntlich hat jede chemische Reaktion, jede Stoffwechselveränderung, auch eine physikalische Komponente. Und gerade auf diese kommt es bei der Phänogenese unmittelbar an. Die Gestalt eines Organismus differenziert sich *unmittelbar* mit biophysikalischen Kräften, aber nicht mit chemisch-genetischer Information. Gene sind eine unabdingbare, notwendige Voraussetzung, aber keine zureichende Bedingung für die Entwicklung und Differenzierung. Dies zu bemerken scheint wichtig, um nicht einer materialistischen Simplifizierung der Lebensvorgänge Vorschub zu leisten.

Es besteht kein Zweifel, daß die Gene eine große Bedeutung für die Vererbung und damit indirekt auch für die Differenzierung haben. Aber schon in dem jungen Keim sind weder die Chromosomen noch die Gene kinetisch aktiv. Sie haben keinen »Treibstoff« zu aktiver Tätigkeit. Sie sind nicht die Motoren der Entwicklung und bringen daher nicht selbst die Merkmale des differenzierten Organismus hervor. Auch nicht indirekt auf dem Weg über die von ihnen gebildeten Enzyme. Diese Annahme würde das Problem nur von der Chemie der Gene auf die Chemie der Enzyme verlagern. Selbst die wichtigsten Enzyme sind nur Beiträge, wenn auch unabdingbare Beiträge zu dem Prozeß der ganzen Differenzierung, der außer der genetischen »Information« immer noch andere Voraussetzungen hat. Die Zelle ist viel mehr als die Gene. Sie ist ein Ganzes (Zellkern, Zellplasma mit Organellen und Zellgrenzmembran). Und nur im Rahmen dieses Ganzen und als Teil dieses Ganzen haben die Gene Bedeutung.

Worin besteht nun aber der Beitrag der Gene? Die Gene sind chemische Konstanten des schon mit der Eizelle gegebenen individualspezifischen Stoffwechsels und als solche besonders stabile Bestandteile der Zelle. Sie legen wichtige materielle

Voraussetzungen für den Stoffwechsel fest und informieren dadurch die wachsende Zelle gleichsam über ihre Möglichkeiten der Differenzierung. Und darin liegt ihre Bedeutung. Sicher ist, daß die genetische Substanz der Erhaltung der Individualität dient, während umgekehrt die extragenetische Substanz, vor allem das Zytoplasma, den Wechsel des Erscheinungsbildes während der Entwicklung gewährleistet. Weil Gene so besonders stabil sind, sind sie viel zu träge, um von sich aus zu agieren. Vielmehr antworten sie auf Reize vom Zytoplasma (von außen). Gene agieren nicht, sondern reagieren.

Diese Vorstellung mag ungewohnt sein. Folgendes kann aber das Gemeinte verdeutlichen. Die Wirkung von Kräften hängt bekanntlich davon ab, was sie an ihrem Angriffsort vorfinden. Ein Druck kann zum Beispiel eine Glasplatte zerspringen lassen oder eine Klingel zum Läuten bringen. Er kann aber auch beim Meißeln einem Carraramarmor ein bezaubernd schönes Aussehen verleihen. Was tatsächlich infolge von Druckkräften geschieht, hängt ab von den am Angriffsort vorgegebenen Verhältnissen. An dem Befund, daß bei der Differenzierung biophysikalische Kräfte beteiligt sind, besteht kein Zweifel.

Noch ein weiteres Beispiel: Wenn man Kupfer in Lösung setzt, um es zu oxydieren, dann wird der Oxydationsprozeß, den man an diesem Kupfer veranlaßt, immer zu einer Kupferverbindung führen, niemals zu einer Eisenverbindung. Kupfer ist hier analog den Genen zu sehen, die dafür sorgen, daß auf das von außen Herangetragene eine immer individualspezifische Reaktion erfolgt.

Für die menschliche Differenzierung gilt: Ein Zellkern mit seinen Chromosomen ist im Kräftespiel des zellulären Stoffwechsels das stabile Bezugsystem für die Entwicklungsreize. Mit diesem Bezugsystem ist ein wichtiger Faktor für die Erhaltung der Individualspezifität des Menschen vorgegeben. Die Gene stabilisieren die Stoffwechselspezifität, das bedeutet, daß jeweils nur solche und keine anderen Enzyme, jeweils nur diese und keine anderen Eiweißketten gebildet werden können, wie sie für den Menschen in seiner jeweiligen Individualspezifität typisch sind.

Zum Begriff der Individualspezifität noch eine Analogie aus dem Anorganischen: Eisen wird aus Eisenerz gewonnen und kann Ausgangsmaterial für die Herstellung von Nägeln, Eisengittern, Uhrfedern und vielen anderen Metallfabrikaten sein. Alle diese Industrieprodukte werden in ihrer Verschiedenheit näher verständlich, wenn die Art der Produktion bekannt ist. Wollen wir nun aber wissen, warum (nur im materiellen Sinn) beispielsweise sehr feine Uhrfedern unterschiedliche Tauglichkeit besitzen, müssen wir die Materialkonstanten der verwendeten Eisensorten, biologisch gesprochen ihre verschiedenen genetischen Eigenschaften, kennen. Und doch haben Temperatur, Härte und viele andere physikalische Momente große Bedeutung für die Tauglichkeit der Fabrikate. Oft wirken sich die Materialeigenschaften erst spät in einer Funktionsentwicklung aus.

Man weiß, daß sich unter physikalischen Bedingungen chemische Strukturen ändern können. Das bedeutet, daß kinetische und dynamische Faktoren die extragenetische Substanz beeinflussen, mit der die Ablesung des genetischen Codes erfolgt. Medizinisch sind unzählige Beispiele derartiger »Irritationen« bekannt.

Nochmals: Die genetische »Information« ist in allen Zellen des Organismus die gleiche. Dennoch entwickeln sich an den verschiedenen Orten im Körper die Zellen verschieden. Daher ist die Aussage erlaubt: Die »Information« in den Zellkernen beinhaltet: Erhaltung der Individualität mit Hilfe des individualspezifischen Stoffwechsels. Die genetische »Information« bedeutet für den lebendigen Organismus die Fähigkeit, generell Mensch zu sein. Um mit Hilfe dieser entscheidenden Information das Erscheinungsbild, den Phänotyp, des Menschen zu entwickeln, bedarf es der extragenetischen Substanz, in der Stoffwechselvorgänge entstehen, welche die genetische Substanz mit einbeziehen.

Im Wechselspiel zwischen unspezifischem Reiz und spezifischer Reaktion regulieren die hochmolekularen Gene Reizwirkungen, die ohne Regulation Störmomente bedeuten würden. Sie kompensieren Störmomente. Die Kompensationen der Störmomente äußern sich in den Entwicklungsschritten.

Wenn die Gene also nicht die Differenzierung steuern, wer steuert sie dann? Wovon ist die Differenzierung *unmittelbar* abhängig? Was ist – abgesehen von einer Finalursache – die *unmittelbare* Ursache der Phänogenese? Dabei sind die unmittelbare Ursache der Phänogenese Gestaltungskräfte, die Entwicklungsreize von außen zur Voraussetzung haben.

Entscheidende Voraussetzung für die Differenzierung ist die Fähigkeit des Organismus, wachsen zu können. Wachstum ist, kinetisch gesehen, ein bevorzugt von außen nach innen gerichteter Prozeß, ein Prozeß ständig aufeinanderfolgender Teilchenaufnahmen bei relativ nur geringer Teilchenabgabe. Mit jeder Phase des Wachstums entstehen neue Voraussetzungen für alle nachfolgenden Entwicklungsschritte. Dabei ist die Strukturentwicklung eine Funktion der Formentwicklung und diese wiederum eine Funktion der Lageentwicklung. Wachstum bedeutet Vergrößerung gegen Widerstand und damit u. a. Arbeit im physikalischen Sinn. Wachstum bedarf fortgesetzt neuer Energiezufuhr. Diese Energie kommt immer von außen.

Damit wird die Aussage bekräftigt, daß Differenzierung eine Richtung von außen nach innen hat (outside-inside-differentiation). Die dabei geleistete Arbeit ist von vornherein sehr viel mehr als bloße mechanische Arbeit. Sie hat so hohe Eigenart, so viel unvergleichliche spezifische Lebendigkeit, daß man sie beim Menschen als Zeichen typisch menschlicher »Tätigkeit« auffassen darf, also schon lange bevor ein Gehirn zur Entwicklung kommt und damit dann allmählich bewußte und willentliche Tätigkeit möglich wird.

Es ist wichtig zu merken, daß die Auffassung von den Genen als der letzten entscheidenden Ursache alles biologischen Geschehens und die damit zusammenhängende Illusion von der chemischen Machbarkeit des Lebens eine materialistische Idee ist. Die Hypothese von der Diktatur der Gene ist eine oft vertretene Grundauffassung und wesentlicher Inhalt bestimmter Weltanschauungen und Ideologien. Die sogenannte genetische »Information« wird heute vielfach für so wesentlich gehalten, daß die Meinung entstehen konnte, alles lebendige Werden – sowohl des einzelnen Lebewesens als auch der Generationen – beinhalte im Grunde nichts anderes als Übertragung genetischer Information. Ideologisch ist daraus gefolgert worden, der eigentliche Zweck des Menschen bestehe in nichts anderem als darin, seine genetische Information weiterzugeben. Diese Meinung wird dann nach dem allerdings falschen psychogenetischen Grundgesetz mit Scheinbeweisen aus dem Tierreich erläutert, wo es vorkommt, daß Männchen nach der Begattung zugrunde gehen.

Zu welchen Konsequenzen es führt, wenn die genetische Information als der alleinige Macher des Menschen und die einzige entscheidende Voraussetzung für die menschliche Gesellschaft angesehen wird, zeigen u. a. zwei Publikationen, die konsequenterweise auch das moralische und soziale Verhalten auf die Gene zurückführen. Für *R. Dawkins* sind der Mensch und »alle anderen Tiere Maschinen, die durch Gene geschaffen wurden«. »Eine vorherrschende Eigenart, die wir bei einem erfolgreichen Gen erwarten müssen, ist ein skrupelloser Egoismus. Dieser Egoismus der Gene wird gewöhnlich egoistisches Verhalten des Individuums hervorrufen«[20]. Die Gene machen die »Maschinen« und verfolgen keinen anderen Zweck, als zu überleben, sich durchzusetzen. Aus dem egoistischen Gen folgt der skrupellos egoistische Mensch!

Auch nach *Wilson* »fehlt es der menschlichen Spezies an einem Ziel außerhalb ihrer biologischen Natur«. »Menschliches Verhalten wird von einigen Genen organisiert. Die Menschen werden von einem Instinkt gelenkt, der auf Genen beruht. Der

[20] Dawkins, R., a.a.O. S. 2 ff.

zentrale Gedanke des Behaviorismus ist, daß das Verhalten und der Geist eine durch und durch materialistische Basis haben.«[21]

Daß bei einer derartigen Grundauffassung das Gefühl der Sinnlosigkeit und Wertlosigkeit des einzelnen menschlichen Daseins entstehen kann, ist kaum verwunderlich, um so weniger, als es Autoren[22] gibt, welche die Entwicklung prinzipiell als ein rein zufälliges Geschehen wie ein Würfelspiel darstellen und sie ausdrücklich als sinnlos bezeichnen. Wenn das Verhalten des Menschen durch die genetische Substanz ausreichend bestimmt wäre, würde die Frage nach der Freiheit des Menschen, nach seiner Verantwortung, nach Schuld und Sühne hinfällig. Tendenzen dieser Art sind bekannt aus den Bemühungen moderner soziologischer und philosophischer Schulen.

Sähen wir den Menschen so als programmiert an, würde damit nicht nur der christliche Glaube fragwürdig, sondern auch die kulturelle Bedeutung der abendländischen Weltanschauung für die Entstehung und Entwicklung der Naturwissenschaft und für das gesellschaftliche Zusammenleben der Menschen verkannt.

Wir müssen daher noch einmal wiederholen, daß beim Menschen eine Geist-Seele angenommen werden muß und daß der Mensch mehr ist, als im einzelnen mit naturwissenschaftlichen Methoden nachgewiesen werden kann.

[21] Wilson, E. O., Biologie als Schicksal, Frankfurt/Berlin 1980, S. 11; 43; 65.
[22] Eigen, M., Das Spiel, München 1975.
     Monod, J., Zufall und Notwendigkeit, dtv München ³1977.

# 6. Fakten der menschlichen Entwicklung

Wer *Haeckels* Vorstellungen von der Rekapitulation der Phylogenese in der Ontogenese prüft, kommt zu überraschenden Feststellungen. Er findet, daß ein menschlicher Keim schon in den ersten Stadien seiner Entwicklung menschliche Eigenart besitzt. Menschliche Eigenart bedeutet morphologisch, daß Verhältnisse bestehen, die in ihren Gestaltmerkmalen, in ihren physikalischen Eigenschaften und in ihrer chemischen Natur einzigartig sind und jeweils als Ganzes nur beim Menschen beobachtet werden können. So wie die Gestalt eines Erwachsenen charakteristisch menschlich ist, aber auch sein ganzes Verhalten, so sind auch die jüngsten Eizellen schon immer typisch menschlich.

Man kann heute nachweisen, daß die Chromosomen eines befruchteten menschlichen Eis bereits individuelle menschliche Eigenart haben. Sie sind bei genauer Untersuchung nicht mit den Chromosomen anderer Spezies zu verwechseln. Mögen auch einzelne Stoffwechselprozesse wie Oxydationen und Reduktionen, Eiweißbildungen etc. bei verschiedenen Arten die gleichen sein; im Zusammenhang des ganzen Organismus haben sie immer art- und individualspezifische Bedeutung. Als Ganzes hat jeder Organismus unvergleichliche Eigenart. Diese Ganzheit ist in ihrer Individualität schon mit der Befruchtung gegeben. Schon die befruchtete Eizelle hat eine Gestalt, zu der die Zellgrenzmembran und das Zellplasma ebenso wie der Zellkern mit seinen Chromosomen beitragen. Gestalt wird nicht etwa genetisch hervorgebracht – ein weit verbreiteter Irrtum –, sondern ist bereits mit der Befruchtung gegeben und ändert sich dann im Laufe der Entwicklung von Stadium zu Stadium. Im folgenden sollen einige Beispiele angeführt werden zur Beantwortung der Fragen von Anhängern des Biogenetischen Grundgesetzes: »Wie sollten denn, wenn nicht als Ergebnis und Relikt der Phylogenese, z. B. der Dottersack oder der ›Schwanz‹, die ›Kiemen‹, das ›Fell‹ oder auch die ›Schwimmhäute‹ beim Menschen erklärt werden?« Es wird deutlich werden, daß die Fakten der Ontogenese nicht aus der Evolutionsbiologie abgeleitet werden können und daß etwa angenommene Homologien entweder gar nicht bestehen oder als Erklärung für die aktuelle Ontogenese nicht brauchbar sind.

So ist die oft behauptete Gleichheit besonders der frühesten Stadien verschiedener Spezies nur scheinbar. Wenn wir die Chromosomen, die durch ihre Färbbarkeit besonders auffallen, allein wegen ihrer verschiedenen Anzahl als ein Unterscheidungsmerkmal benutzen, so finden wir, daß der prozentuale Anteil der Kerne und damit der Chromosomen am Gesamten des Organismus gerade in den Frühstadien viel größer ist als wenn – wie in späteren Stadien – viel Interzellularsubstanz sich zwischen den Körperzellen findet. Die Verschiedenheit der einzelnen Lebewesen ist daher in den Frühstadien besonders deutlich.

Schon mit freiem Auge lassen sich Hühnereier von anderen Vogeleiern unterscheiden, ebenso wie Froscheier, Insekteneier u. ä. Schon bevor die erste Entwicklungswoche zu Ende geht, ist – im Blastozyststadium – unter den Säugern auch gestaltlich ein menschlicher Blastozyst von dem eines Affen deutlich verschieden (Abb. 2).

Als Reaktion auf die Befruchtung hat sich der einzellige Keim schrittweise in Tochterzellen unterteilt. Sie sind in Größe, Struktur und Verhalten der noch nicht unterteilten Zelle ähnlich. Mit jedem weiteren Unterteilungsschritt entstehen neue Zellpaare. Bei den Unterteilungen der Eizelle bleibt die Ganzheit des Keims immer erhalten. Die Unterteilung ist ein allgemeines Prinzip der organischen Entwicklung. Die Ganzheit des Organismus ist mit der Befruchtung vorgegeben und nicht das Ergebnis eines allmählichen Zusammenfügens von Bausteinen, wie dies für ein Bauwerk der Technik charakteristisch ist. Die Vorstellungen beispielsweise, daß erst im Laufe des Werdens das individuelle Sein entstehe, sind naturwissen-

**Abb. 2a u. 2b**

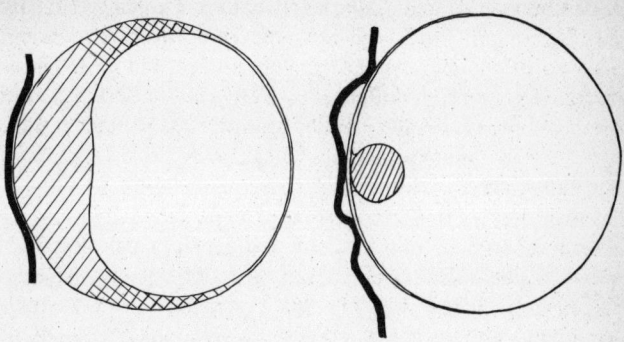

*a) Menschlicher Blastozyst im Stadium der Adplantation. Nach einem Originalpräparat gezeichnet. Größter Durchmesser etwa 0,2 mm, ca. 4 Tage alt. Dicke schwarze Linie: Epithel der Uterusschleimhaut.*
*b) Adplantationsstadium eines Eis vom Rhesusaffen. Ähnlich wie zwischen den erwachsenen Menschen und ausgewachsenen Affen bestehen auch zwischen menschlichen Eiern und Affeneiern große Unterschiede. Das Affenei hat z. B. nur geringen Flächenkontakt mit der Uterusschleimhaut. Seine Gestalt unterscheidet sich deutlich von der eines menschlichen Blastozyst.*

schaftlich nicht zu begründen! Differenzierungen stellen Modifikationen der Zellen und Zellverbände, aber keine Änderungen des Wesens dar. Da das so ist, sind wir veranlaßt, bei unseren embryologischen Untersuchungen immer den Keim als Ganzes zu berücksichtigen und die Differenzierung von Einzelorganen immer im Hinblick auf den ganzen Organismus zu beschreiben. Aus diesem Grunde sind z. B. Homologisierungen, die sich immer nur auf den Vergleich von Einzelorganen verschiedener Tiere beziehen, schon von der Methode her für eine Beschreibung der Ontogenese unbrauchbar.

Es ist vielmehr notwendig, zum Verständnis der Differenzierungen des menschlichen Körpers die Organe als Bestandteile des ganzen Organismus, d. h. zunächst ihre Lagebeziehungen zu beschreiben. Homologisierungen berücksichtigen nicht, daß sich alle Organe jeweils aus einer einzigen Eizelle entwickeln. Sie sind daher miteinander ontolog, und als ontologe Differenzierungen sind sie miteinander vergleichbar. Daher ist die Methode des regionalen Vergleichs ontologer Differenzierungen die adäquate morphologische Methode zur Beschreibung der Ontogenese[23].

Sobald die frühen Zellunterteilungen abgeschlossen sind, stellen die Tochterzellen (Blastomeren) die ersten Organe des Keims dar. Hier machen wir eine wichtige Feststellung. Unter normalen Umständen, normaler Temperatur, normaler Beschaffenheit des Tubensekrets und vieler anderer notwendiger Entwicklungsbedingungen ist schon die lebendige Eizelle in Funktion. Sie nimmt Stoffwechselprodukte auf und gibt Abbauprodukte ab. Damit stellt das menschliche Ei ein *Stoffwechselfeld*, und zwar ein humanspezifisches Stoffwechselfeld dar. Schon die erste zellige Unterteilung eines menschlichen Keims ist als organische Reaktion eines individuellen menschlichen, noch einzelligen Organismus eine lebendige Leistung mit Arbeit, die ein anderes Erscheinungsbild, nämlich einen zweizelligen Keim, aber keinen im Wesen neuen Organismus hervorbringt. Die entstehenden Tochterzellen (Blastomeren) bleiben Bestandteile eines einheitlichen Stoffwechselfeldes, das den Stoffwechsel der Tochterzellen als ein Ganzes umfaßt.

Bereits die ersten beiden Blastomeren stehen nachweislich durch eine geringe Menge Zwischenzellsubstanz miteinander in Verbindung. Die Zwischenzellschicht stellt keine Trennschicht, sondern eine Verbindung dar. Sie ist ein Teilgebiet des ganzen Stoffwechselfeldes. In ihm laufen geordnete Stoffwechselbewegungen ab. Eine geordnete »zielstrebige« Differenzierung setzt solche geordneten Molekularbewegungen voraus. Allein aus diesem Grunde wäre es falsch, etwa an einen ungeordneten Zellhaufen in den frühen Differenzierungspha-

---

[23] Blechschmidt, E., Wie beginnt das menschliche Leben, Stein a. Rhein 1976.

sen zu denken. Ein geordneter Stoffaustausch zwischen den ersten Zellen verlangt eine – wenn auch nur geringgradige – Verschiedenheit der Zellen. Das Wechselspiel zwischen den Zellen ermöglicht anscheinend, daß die Blastomeren sich gegenseitig in Form halten. Wir sehen darin eine wichtige Gestaltungsfunktion schon der ersten Zellen.

Die frühen Stadien sind in ihrer engen Aufeinanderfolge heute so gut bekannt, daß es keine Schwierigkeit macht, in jeder noch so frühen Entwicklungsphase menschliche von nichtmenschlichen Keimen zu unterscheiden. Man muß die Stadien als ontogenetisch folgerichtig auffassen und als Zeichen der genannten geordneten Stoffwechselprozesse ansehen. Das heißt nicht, daß Gestaltung allein mit den Begriffen der Physik und Chemie vollständig beschrieben werden könnte. Bei allen Gestaltungsvorgängen während der Ontogenese treten z. B. Wachstum und damit »Entwicklungs«bewegungen auf. Das sind Phänomene, die in der Physik nicht existieren und daher nicht erschöpfend mit physikalischen Methoden erfaßt werden können. Lebendige Gestalt ist mehr als nur Form und daher nicht mathematisierbar.

Nur unter sehr seltenen Umständen sind Keime in frühen Entwicklungsstadien zu finden. Schon an ihnen ist eine elementare Ordnung zu erkennen. Denn jedes junge menschliche Ei ist bereits als einzelliges Lebewesen deutlich ein dreiteiliges Gebilde. Es hat außen eine Zellgrenzmembran, innen als Zentrum den Zellkern und zwischen diesen beiden das Zytoplasma, das Kern und Membran miteinander verbindet. Ähnlich ist das Furchungsstadium ein dreiteiliges Gebilde: Zwei Blastomeren werden in der Furchungszone durch eine besondere Zwischenzone miteinander verbunden. Auch nach der Unterteilung der ersten Blastomeren in neue Tochterzellen ist wieder eine Dreiteiligkeit deutlich. In dem nun sogenannten Blastozyststadium sind eine dickwandige und eine dünnwandige Polzone durch ein äquatoriales Übergangsfeld verbunden *(Abb. 2a)*. Der Blastozyst hat gegen Ende der ersten Entwicklungswoche bereits mehr als 100 Zellen. Jetzt erfolgt die

Implantation in die Uterusschleimhaut *(Abb. 3)*. Damit beginnt an der Außenseite des dickwandigen Polfeldes ein intensives Oberflächenwachstum, während es an seiner Innenseite langsamer wächst. Als Vermittlung zwischen diesen gegensätzlich (schnell und langsam) wachsenden Zellformationen finden wir eine Intermediärschicht, in der die Zellen fast gar nicht wachsen und insofern gleichsam eine neutrale Zone mit Haltefunktion bilden *(Anlage des Amnion, weißer Doppelpfeil in Abb. 3a)*. Die Innenseite der genannten Polzone nimmt Nahrung aus dem Blastocoel auf und wölbt sich damit in dieses vor. Dabei löst sich ein kleiner Zellverband partiell unter Bildung der Amnionhöhle vom Amnion ab. So wird der Entoblast seinerseits wieder dreiteilig: dorsales Eibläschen (mit Amnionhöhle, Anlage des Fruchtwassersacks), ventrales Eibläschen (mit Dottersacklumen) und zwischen beiden als Verbindung die menschliche Keimscheibe *(Entozystscheibe, Abb. 3b)*. Auch die Entozystscheibe entwickelt sich dreiteilig: Ektoderm, Mesoderm und Entoderm. Das Mesoderm ist zunächst sehr spärlich. Die Entozystscheibe ist die Anlage des eigentlichen Embryo. Zwischen dem schnell wachsenden Außenei und dem langsam wachsenden, zweikammerigen Innenei entsteht als Übergang der Mesoblast *(Abb. 3b und c)*. Der Mesoblast lockert sich allmählich auf, indem er flüssige Interzellularsubstanz in seinem Inneren staut (Chorionhöhle). Gegenüber der Entozystscheibe sind alle mehr peripher gelegenen Formationen des Eis als Hilfsorgane aufzufassen.

Entsprechend *Abb. 3d* zeigt *Abb. 4* die Entozystscheibe eines 14tägigen, 2 mm großen menschlichen Eis. Sie ist 0,23 mm groß. In Aufsicht auf das Ektoderm gesehen zeigt sie zwei Enden: ein stumpfes und ein spitzes. Das stumpfe Ende zeichnet bereits die Anlage des oberen, das spitze dagegen die Anlage des unteren Körperendes vor. Die dem Fruchtwasser zugekehrte ektodermale Seite ist die dorsale (Rücken-)Seite, die der Dottersackflüssigkeit zugekehrte entodermale Seite ist die ventrale (Bauch-)Seite. Mehr als die Hälfte der Entozystscheibe ist Anlage des späteren Kopfes und hier vor allem des Gehirns. Die Vorherrschaft des Gehirns, die für den Men-

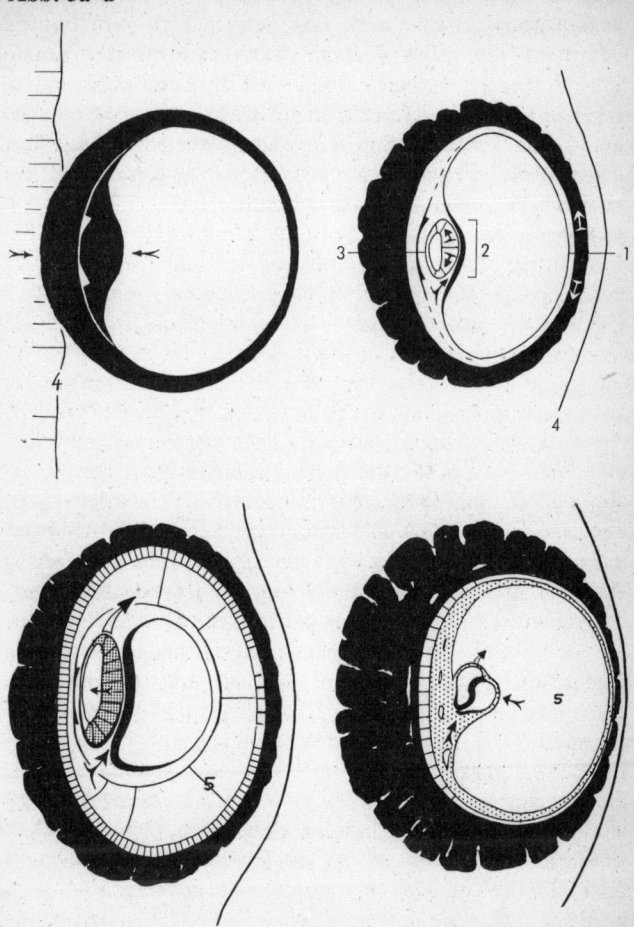

4-, 10-, 11- und 14tägiges menschliches Ei. Außenei schwarz. *1 Dottersacklumen, 2 Entozystscheibe, 3 Amnionepithel, 4 Uterusschleimhaut, 5 Chorionhöhle. Geschwänzte Pfeile: Nahrungstransport. Konvergenter Doppelpfeil: Haltefunktion. Divergenter Doppelpfeil: Flächenwachstum.*

schen typisch ist, läßt sich also bereits am 14. Tag bei einem Stadium von 0,23 mm Größe gut erkennen. Hals- und Rumpfanlage erscheinen als Anhang der Kopfregion der Keimscheibe. Die Stumpfheit des oberen Körperendes gegenüber dem haftstielnahen unteren Körperende ist Zeichen davon, daß am »freien« Ende der Entozystscheibe schnelleres Wachstum gegen relativ geringeren Wachstumswiderstand stattfindet als im Haftstielbereich, wo das Wachstum beengt ist. In der Kopfregion der Keimscheibe wölbt sich das wachsende Ektoderm in den Fruchtwasserraum vor und bildet hier die sog. Expansionskuppe. Im Rumpfteil entsteht im Gegensatz zur Expansionskuppe eine Senke (Impansionssenke). Ähnliche (konträre) Differenzierungen mit einem Übergangsfeld finden wir immer wieder. Der Organismus arbeitet gleichsam mit Ja-Nein-Entscheidungen, aber nicht mit einem Sowohl-als-auch! Die Expansionskuppe geht mit einem scharfen sogenannten Umbördelungsrand in die Impansionssenke über. Der wachsende Umbördelungsrand überrollt mehr und mehr die Senke, wobei eine fingerförmige Einstülpung, der sog. Axialfortsatz entsteht. Dieser Vorgang wird gern als Gastrulation bezeichnet, hat aber gar keine Beziehung zu der bei Amphibien vorkommenden Differenzierung. Die Gastrulation bei Amphibieneiern ist eine Einstülpung des ganzen jungen, noch kugelförmigen Eis. Die Bildung des Axialfortsatzes ist beim Menschen dagegen ein Prozeß der Unterschichtung im Bereich des Ektoderms der Embryonalanlage, also ein Teilgeschehen im Ei. Bei Amphibien entsteht durch die Gastrulation das Entoderm, beim Menschen ist das Entoderm bereits gebildet und wird in den Faltungsvorgang nicht einbezogen. Beim Menschen ist die Keimscheibe bereits vor der Einstülpung zweischichtig. Hier bildet sich nur eine ektodermale Falte über dem Entoderm *(Abb. 5)*.

Der mit der Überrollung entstandene Axialfortsatz des Ektoderms wächst im Verhältnis zu dem freier liegenden Ektoderm nur wenig. Er funktioniert deshalb als Halteapparat gegenüber dem schnell wachsenden Ektoderm und bildet einen kräftigen Wachstumswiderstand. Man kann die Spitze des Axialfortsat-

**Abb. 4**

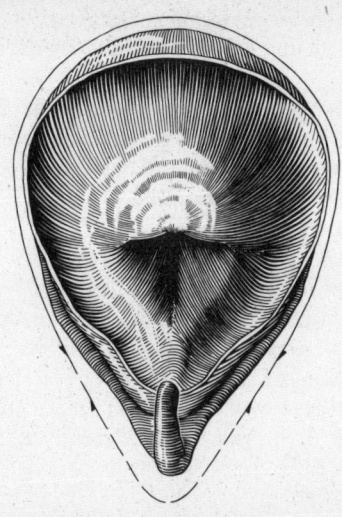

*Entozystscheibe 0,23 mm, 14 Tage. Ei Blechschmidt. Das Hoch-relief ist zunächst vor allem die Anlage des Gehirns.*

**Abb. 5**

*Schema der Bildung des Axialfortsatzes. Ausschnitt aus einem Medianschnitt der Entozystscheibe Abb. 4. Axialfortsatz schwarz. 1 Zuwachszone, 2 Gleitzone zwischen Ektoderm und Axial-fortsatz. Zone der Mesodermbildung. 0 Nullpunkt der Wachs-tumsbewegungen. Doppelpfeil: Haltefunktion des Entoderm. Geschwänzter Pfeil: Nahrungstransport. Konturierter Pfeil: Wachstumsbewegung des Ektoderm.*

zes als Nullpunkt der Entwicklungsbewegungen, als das Zentrum der Keimscheibe bezeichnen. Der Axialfortsatz hat damit konstruktive Bedeutung für die Entstehung des Embryo.

Mit seinem Wachstumswiderstand bewirkt der Axialfortsatz, daß die Keimscheibe sich taillenförmig einzieht, die Neuralrinne bildet und daß dann ihr entlang das Ektoderm sich zur Bildung der Neuralwülste aufwölbt.

Das Geheimnis des Organisators (der Begriff stammt von *Hans Spemann*) liegt also nicht einfach in einer chemischen, etwa isolierbaren Substanz, sondern darin, daß der Axialfortsatz als Teil der ganzen Keimscheibe besonders langsam wächst. Der Axialfortsatz ist beim Menschen in seiner Wachstumsintensität und Größe typisch und dokumentiert eine menschliche Entwicklung, aber nicht etwa einen allgemeinen Säugetierplan oder gar ein rezentes Amphibienstadium.

Der Vergleich menschlicher Keimscheiben von erst 0,23 mm Länge mit den älteren Anlagen von Embryonen bestätigt, daß die scheibenförmige Anlage zu ihrem größten Teil die Anlage des Gehirns ist. Erst nach und nach entsteht als Anhang an das Gehirn der Rumpf mit den Extremitäten. Auch ein 1,8 mm großer Embryo hat eine mächtige Gehirn-Rückenmarksanlage, und selbst bei älteren Embryonen macht das Nervensystem den Hauptteil ihres Volumens aus. Dieses Faktum ist ein instruktives Beispiel für den Irrtum des Biogenetischen Grundgesetzes. Denn die frühe Gehirnentwicklung würde, als Rekapitulation verstanden, besagen, daß unsere Vorfahren mehr Gehirnsubstanz besessen hätten als wir.

Die frühe mächtige Gehirnentwicklung bedeutet eine führende Rolle des Gehirns bei der Entwicklung. Wir sprechen hier von Zerebralisation. Die Zerebralisation ist für den Menschen charakteristisch. Sie bedeutet eine führende Rolle des Gehirns nicht nur für die Gestaltung, sondern auch für die gesamte Funktionsentwicklung, d. h. die Entwicklung jeder menschlichen Tätigkeit. Durch seine Bahnen verbindet das Gehirn schon sehr früh alle Organe miteinander. Es integriert, wie noch an anderer Stelle gezeigt werden soll, was sich in der Peripherie abspielt.

Eine Folge der frühen Tätigkeit des Gehirns ist die Entwicklung des Herzens. Es ist mehr als etwa nur eine Pumpe. Niemand, der an eine Pumpe denkt, möchte sich ein pumpendes Organ so gebaut vorstellen wie ein Herz. Die Bauweise des ausgewachsenen Herzens läßt sich daher nicht allein von technischen Gesichtspunkten aus verstehen. Man hat deshalb vielfach versucht, die Bauweise des Herzens historisch zu deuten. In dieser Absicht hat man Herzen verschiedener Arten nach Ähnlichkeiten geordnet. Gewiß hat das menschliche Herz Ähnlichkeit mit anderen Herzen. Aber diese beruht nicht auf direkten Beziehungen zwischen diesen Organen. Denn ein Herz entsteht nicht aus Herzen, sondern jeweils ontogenetisch aus einer befruchteten Eizelle.

**Abb. 6**

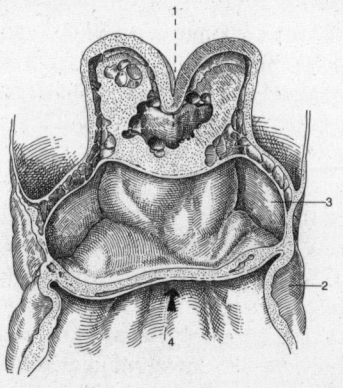

*Herz eines etwa 2 mm großen menschlichen Embryo. 3. Entwicklungswoche. X-förmige Herzanlage. 1 noch geschlossene Mundmembran, 2 Zuflußbahn zum Herzen, 3 Rückwand der Leibeshöhle, 4 Eingang in den Kopfdarm. (Nach Davis)*

Die Frage ist daher, wie ein Herz bei irgendeinem Tier jeweils in der Ontogenese entsteht und nach welchen Regeln es sich entwickelt. Mit der Aussage einer Ähnlichkeit ist dieses Problem nicht erfaßt. Das menschliche Herz differenziert sich im oberen Nabelrand an der Rückwand der Leibeshöhle *(Abb. 6)*. Es bildet dort zunächst eine flüssigkeitsreiche, erst später Blut leitende Hohlfalte. In ihr strömen Stoffwechselprodukte vom Dottersack und seinen Nahrung führenden Gewebsspalten in Richtung zum Gehirn. Denn das Gehirn ist in diesem Stadium der Hauptnahrungsschlucker des ganzen Embryo. Durch den Verbrauch an Nahrung entsteht ein Stoffwechselgefälle zwischen dem Gehirn und dem Herzen. Deswegen versorgt das Herz in den frühesten Entwicklungsstadien vor allem das Gehirn mit der notwendigen Nahrung. Die Herzfalte sitzt breit dem Dottersack (Boden des Nabelrandes) auf, sie ruht gleichsam auf ihm. Oben setzt sie sich beidseits der Mundspalte in die seitliche Kopfregion des Embryo fort. Das Stoffwechselgefälle zwischen dem Gehirn und dem Herzen ist eine wichtige Voraussetzung für die Richtung der Strombahn. Das Herz schlägt bereits in einem ca. 2 mm großen, 3 Wochen alten Embryo. Untersuchungen haben gezeigt, daß mit der Zunahme des Blutvolumens im wachsenden Embryo der Blutdruck steigt. Mit dem steigenden Druck des Blutes wird die Herzwand gedehnt. In diesem Dehnungsfeld entwickelt sich die Herzmuskulatur entsprechend den gegebenen Randbedingungen.

Im Dienste der Frühentwicklung des Herzens (als Folge der Gehirnentwicklung) entsteht noch vor Ende des ersten Entwicklungsmonats die Leber, die wir als das Zentrum des Eingeweidetrakts bezeichnen dürfen. Gehirn, Herz und Leber sind Zentrenbildungen unterschiedlicher Rangordnung. Hier zeigt sich eine Hierarchie: Den obersten Rang nimmt das Gehirn ein, ihm folgt das Herz und diesem dann die Leber. Eine Gleichrangigkeit der Organe existiert nicht. Die Beobachtung einer Hierarchie (Über- und Unterordnung) erlaubt es – wenn wir die Entwicklung des Menschen als ein naturgegebenes Vorbild für das nachgeburtliche Leben auffassen –, von einer Rangordnung als einem Entwicklungsprinzip, d. h. einem naturgemäßen Prinzip zu sprechen.

Die Bedeutung der Zerebralisation liegt u. a. darin, daß in der Funktionsentwicklung der menschlichen Tätigkeit allmählich bewußte Zielsetzungen und Handlungen möglich werden. Schon die Entstehung des Gehirns ist – wie wir noch sehen werden – ein Integrationsvorgang. Durch die peripheren Nerven ist das Gehirn schon in der Phase der Embryonalentwicklung, d. h. im zweiten Entwicklungsmonat mit der Haut und allen tiefer liegenden Organen verbunden. Es wird von allen Entwicklungsbewegungen und Differenzierungsprozessen auf diese Weise informiert. Die Entstehung von Integrationsvorgängen, also Verrechnungen und Umformungen der Prozesse, die in den subcerebralen Organanlagen ablaufen, sind Funktionen des Gehirns, die schon lange vor der Geburt beginnen.

Nach dem Dargelegten ist es nicht erlaubt, bzw. inkorrekt, von einem menschlichen Organismus, insbesondere von einer menschlichen Individualität erst dann zu sprechen, wenn ein Gehirn mit Ganglienzellen existiert. Da wir beim Menschen in seiner Entwicklung keinerlei Zäsur finden, können wir den Beginn der Gehirnfunktionen nicht auf einen bestimmten Zeitpunkt festlegen. Die Anlage des Zentralnervensystems ist bereits bei einem ganz jungen Keim im Alter von 14 Tagen sichtbar. Sie ist – wie jede Organanlage – früher vorhanden, als sie mikroskopisch deutlich ist. Lange bevor Ganglienzellen entstehen, ist der Prozeß der Zerebralisation in Gang.

Ein spezielles Beispiel für die Bedeutung der Gehirnentwicklung im Bereich des Kopfes erklärt das »Geheimnis« der beim Menschen vermeintlich entstehenden Kiemen. Kiemen oder kiemenähnliche Bildungen gibt es beim Menschen in Wirklichkeit nicht, obwohl in den herkömmlichen Darstellungen der meisten Schul- und Lehrbücher immer noch der Irrtum verbreitet wird, der Mensch entwickle in seiner Embryonalzeit Kiemen. Sie werden sogar gewöhnlich als entscheidender Beweis für die Richtigkeit des Biogenetischen Grundgesetzes angeführt, denn – so sagt man – es entstünden nicht nur die Kiemenbögen, sondern auch die Kiemengefäße, Kiementaschen usw. Das ist ein Irrtum, der auf ungenauen Beobachtungen oder sogar nur auf dem Wunsch, Kiemen zu finden, beruht.

**Abb. 7**

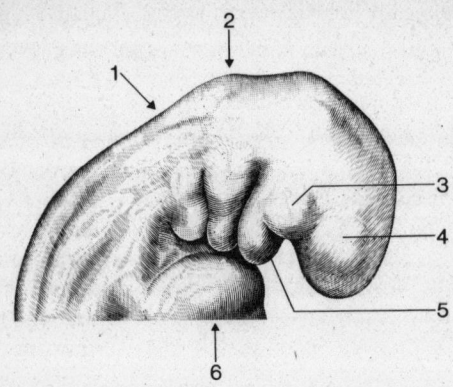

*3,4 mm großer menschlicher Embryo. Schnittserienrekonstruktion (Humanembryologische Dokumentationssammlung Blechschmidt). Über dem Herzwulst (6) kräftige Beugefalten der Kopf-Hals-Region. In Verlängerung des Pfeiles 1 bzw. 2 Kehlkopfbogen bzw. Unterzungenbogen, 3 Oberkieferwulst, 4 Augenanlage, 5 Unterkieferbogen.*

**Abb. 8**

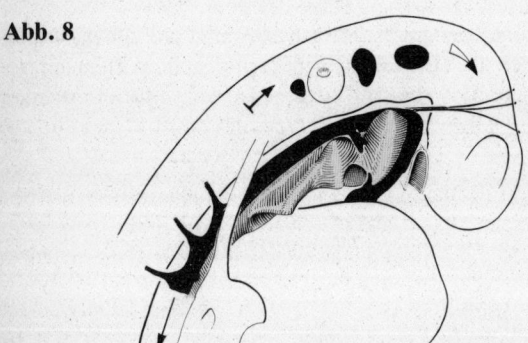

*Entwicklungsbewegung im Bereich der Kopfregion eines 2¹/₂ mm großen menschlichen Embryo. Wachstumszug der Aorten (schwarz): einfacher Pfeil. Längenwachstum des Neuralrohrs: Pfeil mit Querstrich. Beugung des Neuralrohrs: konturierter Pfeil.*

Ein 2,5 mm großer menschlicher Embryo zeigt charakteristische Faltungen zwischen seiner Stirn und dem Herzwulst. Diese Reliefbildungen sind die ersten Falten im späteren Gesichtsbereich. Die Falten dokumentieren im besonderen die Wachstumskrümmung des jungen Embryo *(Abb. 7 u. 8)*. Das versteht sich auf folgende Weise: Das Neuralrohr, das der hauptsächliche Nahrungsschlucker des jungen Embryo ist, wächst kräftig in die Länge. Ihm gegenüber bleibt die begleitende junge Aorta im Längenwachstum zurück. Sie spendet dem Neuralrohr Nahrung und bleibt dabei selbst kurz. Das Kurzbleiben bedeutet einen lokalen Wachstumswiderstand gegenüber dem in die Länge wachsenden Gehirn. Der so entstandene Wachstumswiderstand der Aorten führt dazu, daß das Neuralrohr sich an seinem frei beweglichen Ende (im Kopfgebiet) über den Herzwulst krümmt. Mit dieser Krümmung entstehen *Beugefalten*. Die Beugefalten bilden quere Bögen, die das Kopfdarmlumen ventral umgreifen. Der erste Visceralbogen ist der Unterkieferbogen, der zweite der sogenannte Unterzungenbogen, der dritte und vierte sind die Kehlkopfbögen.


Mit der zunehmenden Krümmung des Embryo in der Kopfregion werden die Visceralbögen mehr und mehr zirkulär vergrößert und ihr Gewebe im Inneren dadurch gestrafft. Das so ausgerichtete Gewebe wird zur Leitstruktur für Gefäße, die zwischen der kurzen ventralen Aorta (dem Ausflußstück des Herzens) und den dorsalen Aorten, aus denen das wachsende Gehirn seine Nahrung entnimmt, Kurzschlüsse bilden. Die zunächst mikroskopisch kleinen Visceralbogenarterien sind also biodynamisch ausgezeichnete Kurzschlüsse im Strömungsgefälle eines Stoffwechsels, nicht aber rekapitulierte Merkmale von Fischen, die vielleicht zum Zweck der Arterhaltung übernommen wären. Sie sind nach Lage, äußerer Form und innerer Struktur in jeder Entwicklungsphase als konstruktive Bestandteile des menschlichen Embryo humanspezifische Bildungen. Zwischen den Visceralbögen bleibt die Körperwand dünn. Die dünnen Zonen erscheinen außen als Kerben, innen als Taschen des Schlunddarms. Hier kann die Körperwand so dünn werden, daß sie reißt, und zwar regelmäßig dann, wenn ihr Ektoderm und Entoderm so eng aneinandergepreßt werden, daß ernährendes Binnengewebe zwischen den beiden Grenzgeweben keinen Platz findet. Die Ernährung von Ektoderm und Entoderm wird hier dann in wenigen Stunden so schwach, daß Zellen zugrunde gehen und Defekte in der Körperwand entstehen. Etwaige Spalten in der Körperwand, die man irrtümlich als rudimentäre Kiemen aufgefaßt hat, entstehen in Korrosionsfeldern, aber nicht als Zeichen einer unbewältigten Vergangenheit. Derartige Defekte sind sekundäre Bildungen, Fehlbildungen, aber keine primär offenen Stellen der Körperwand, die sich nicht geschlossen hätten. Sie könnten uns zwar zufällig an Spritzlöcher von Walen erinnern, sind aber dennoch keine Überbleibsel aus der Vergangenheit, wie *Konrad Lorenz* meint.[24] Vielmehr sind sie gelegentliche Begleiterscheinungen der Beugefalten.

Das für den Menschen charakteristische intensive Wachstum des Neuralrohrs ist durch seine Gestaltungskraft bei der Ausbildung der Körperform auch für die frühen Differenzierungen am unteren Körperende maßgebend. Damit hat es folgende Bewandtnis. Schon nach Schluß des Neuralrohrs bei einem 2 mm großen Embryo ist das Zentralnervensystem im Bereich des oberen Körperendes viel stumpfer als am unteren. Am oberen Körperende dehnt sich die Körperwand über dem kräftig wachsenden Gehirn schnell zu einer sehr dünnen Kappe aus. Am unteren Körperende dagegen nicht. Die Vorwölbung am oberen Körperende hat die Bildung der Stirn zur Folge. Demgegenüber zieht sich das Neuralrohr am unteren spitzen Körperende zurück. Das bedeutet einen Kollaps der Körperwand am unteren Ende *(Abb. 10)*. Der genannte Kollaps ist zwar eine Zuspitzung, aber keine Schwanzbildung. Die Schwanzbildung bei Tieren beruht auf echtem appositionellem Wachstum, die Zuspitzung des unteren Körperendes beim Menschen dagegen auf retardiertem Wachstum mit einem Kollaps der Körperwand. Eine Schwanzbildung wie bei Tieren

[24] Lorenz, K., a.a.O., S. 97.

gibt es daher beim Menschen nicht. Niemals kommen beim Menschen diejenigen Proportionierungen zustande, die für schwanztragende Tiere charakteristisch sind. *Das Prinzip von der Erhaltung der Individualität während der Ontogenese läßt keine Rekapitulation von Merkmalen fremder Wesensarten zu.*

**Abb. 9**

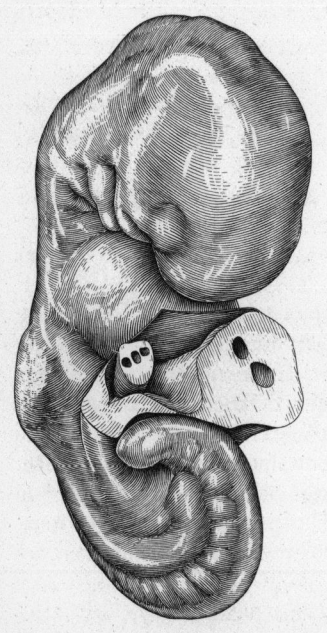

*Totalrekonstruktion eines 4,2 mm großen menschlichen Embryo. 28 Tage alt. Charakteristisch mit dem Kopf nach vorn gebeugt. Über dem Herzwulst Stirn, Auge und Beugefalten als deutliche Hochreliefs. Am linken Figurrand faltenförmige Armanlage mit Achselgrube. Gegenüber der breiten Kopfregion ist das untere Körperende schmal (kollabiert).*

**Abb. 10**

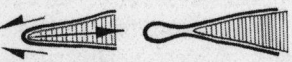

*Entwicklungsbewegung des Rückenmarks relativ zur Haut (links Embryo 4,2 mm; rechts Embryo 10 mm).*

67

Der hohe Grad der Zerebralisation zeigt sich an verschiedenen weiteren Differenzierungen im Kopfbereich. Ein Beispiel ist abgesehen von den genannten Beugefalten die Entstehung der Zunge. Ihre Entwicklungsbewegungen dokumentieren Vorfunktionen des menschlichen Sprechens. Es sind Leistungen, an denen das wachsende Gehirn mit seinen peripheren Bahnen längst vor der Geburt beteiligt ist.

Mit der Krümmung des embryonalen Kopfes wird auch das Entoderm des Eingeweiderohrs im Kopfbereich entsprechend gebogen. Als Teil des Krümmungsprozesses wölbt sich das Epithel am Mundboden, das bei der Beugung im Flächenwachstum behindert und damit verdickt wird, ins Lumen des Entodermrohrs vor und bildet hier die Zungenanlage. Man darf einen konstruktiven Zusammenhang zwischen der Krümmung des Oberkopfs als Folge des intensiven Wachstums des Gehirns und der Wölbung der Zunge sehen. Zunächst als Epithelverdickung am Boden des Kopfdarms entstanden, vergrößert sie sich in das Sogfeld des sich erweiternden Mundraums. Im Inneren der Zungenanlage entstehen mit deren Vergrößerung dreidimensionale Dehnungsfelder (Dilationsfelder). Sie geben dem Binnengewebe Veranlassung zur Entwicklung von Muskelzellen. Ihre intensive Nervenversorgung erlaubt eine hochgradige Beweglichkeit der Zunge. Dies wiederum hat Einfluß auf die Stellung des Zungengrundes und die abwärtigen Formationen des Hals- und Kehlkopfbereichs. Die Ähnlichkeit der Atemwege vieler höherer Wirbeltiere, der Stimmbänder, Stimmbandmuskeln und komplizierten Gelenke des Kehlkopfskeletts bei Affen und Menschen ist so hochgradig, daß man vermuten könnte, eine Sprache käme bei allen diesen Vertebraten zur Entwicklung. Tatsächlich aber findet man, daß nur der Mensch mehr als nur Laute geben, nämlich sprechen kann. Der Kehlkopf und die organischen Bedingungen zu verstärkter Ausatmung sind zwar eine notwendige Voraussetzung für eine differenzierte Sprachbildung, aber noch nicht annähernd für diese Leistungen zureichend. Das Charakteristische der Sprachbildung liegt nicht in der Kehlkopf-Mundraum-Zungenentwicklung, sondern in der Ausbildung des für den Menschen typischen Großhirns. Dort entstehen mit den Zentren der Kehlkopfnerven Integrationsorte, die durch die mächtige Großhirnentwicklung beim Menschen in einen völlig neuen Zusammenhang geraten, den es bei geringgradigerer oder fehlender Zerebralisation nicht gibt.

Wer menschliches Lachen mit äffischem Grinsen homologisieren und gar als evolutionär entstanden deuten möchte, verkennt die Ursprünglichkeit des menschlichen Verhaltens und bemerkt nicht, daß menschliche Ausdrucksweisen ausschließlich in der menschlichen Ontogenese entstehen und daher nicht auf tierische zurückgeführt werden können. Was wir als menschliche Sprache bezeichnen, ist eine geistige Fähigkeit des Menschen, die aus den morphologisch faßbaren Gegebenheiten der Entwicklung allein nicht verstehbar ist. Dabei muß die dem Experiment und der direkten Beobachtung nicht zugängliche Geist-Seele des Menschen akzeptiert werden, denn Sprache ist Ausdruck des Geistigen und nicht einfach der Schaltungen von Nervenfasern im Gehirn.

Die Notwendigkeit einer Funktionsentwicklung gilt generell bei der Entfaltung aller Tätigkeiten. Sogenannte Instinkte oder primäre Reflexe sind vielfach nichts anderes als eine nachgeburtliche Verdeutlichung vorgeburtlicher Entwicklungsbewegungen. Sie haben nichts mit ähnlichen Verhaltensweisen bei anderen Spezies zu tun und können daher nicht als Beweis für die Richtigkeit evolutionsbiologischer Vorstellungen, d. h. für eine Rekapitulation stammesgeschichtlicher Prozesse angesehen werden. Vielmehr – um es zum wiederholten Male zu betonen – sind organische Merkmale und Verhaltensweisen bei den verschiedenen Spezies jeweils nur aus ihrer ontogenetischen Entwicklung verstehbar zu machen. Die bei den verschiedenen Spezies gemeinsam geltenden Entwicklungsprinzipien zu finden und aufzuklären, ohne sie aufeinander zurückzuführen, ist ein wichtiges lösbares Thema der Biologie.

Wie entsteht z. B. der Saugreflex? Bei einem 30 mm großen Embryo, dessen Gesicht lang zu werden beginnt, besteht das

Gesichtsskelett aus dem Oberkiefer-Nasenknorpel einerseits und aus dem knorpligen Unterkiefer andererseits. Beide Skelettierungsherde bilden, von der Seite gesehen, einen vom Ohr ausgehenden, nach vorn offenen Winkel (den Skelettmund), miteinander *(Abb. 11)*. Da die divergierenden Schenkel dieses Winkels sich mit ihrem Längenwachstum vergrößern, wird der embryonale Skelettmund größer und das Binnengewebe rings um die Mundöffnung gedehnt. In diesem Dilationsfeld entsteht die Ringmuskulatur des Mundes. Mit zunehmender Dehnung der Ringmuskulatur nimmt ihr Dehnungswiderstand zu. Dabei rollen sich nun die Mundränder, die Lippen, ein. Auf diese Weise schließt sich der Mund. Hinter den Lippen nimmt jedoch der Mundraum in allen Richtungen weiter an Größe zu. So entsteht ein Sograum. Der Embryo lutscht gleichsam. Der sogenannte Saugreflex des Neugeborenen ist eine Spätfolge dieses frühen Entwicklungsaktes und nicht eine Rekapitulation früher Phasen in der Phylogenese. Der menschliche Saugreflex ist vielmehr die Folge eines bereits menschlichen Entwicklungsverhaltens.

**Abb. 11**

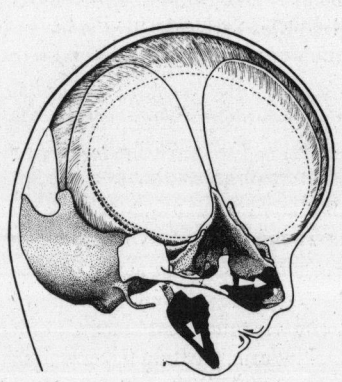

*Schädel eines ca. 80 mm großen Fetus, Ende des dritten Monats. Schwarz: knöcherner Ober- und Unterkiefer. Weiße Pfeile: Wachstumsrichtung der Kieferknochen (Öffnung des Skelettmundes). Schwarze Pfeile: Einrollung der Lippen.*

Ähnlich wird die menschliche Eigenart auch bei der Extremitätenentwicklung deutlich. Sie ist, als Teil der Entwicklung des ganzen Organismus gesehen, schon der Anfang menschlichen Greifens, ja sogar – wenn man dabei die nachweisbare Beteiligung des Nervensystems berücksichtigt – bereits der Ansatz der Entwicklung zur Fähigkeit des Be-greifens. Wir finden auch hier wieder, daß die anatomisch feststellbare Differenzierung auf ein individuelles menschliches Verhalten, das wir als eine geistige Tätigkeit bezeichnen dürfen, hingeordnet ist. Was seit *Prinzhorn* heute als Leib-Seele-Einheit bezeichnet wird, gilt schon für die Frühentwicklung.

Die menschlichen Extremitäten entstehen an nachweislich infolge der vorangehenden Entwicklung ausgezeichneten Stellen des Körpers als winzige Hautfalten. Dabei ist das Ektoderm der Motor ihrer Differenzierung. Mit seinem Flächenwachstum nimmt die Oberfläche der Extremitätenfalten relativ zu ihrem Volumen an Größe zu. Infolgedessen platten sie sich ab und kippen nach vorn. Diese Abplattung hat nichts mehr mit einer Rekapitulation von Flossen bei niederen Tieren zu tun, sondern ist Ausdruck des relativ intensiveren Flächenwachstums des menschlichen Ektoderms im Bereich der Extremitätenanlagen im Vergleich zu ihrem Volumenwachstum.

In die jungen Extremitätenfalten sprossen Blutgefäße und Nerven ein. Die weit ventral vor dem Rückenmark aussprossenden Blutgefäße zügeln durch ihren Wachstumswiderstand schon sehr früh die Extremitätenfalten so, daß sie mehr und mehr nach vorn kippen *(Abb. 9)*. Mit der zunehmenden Kippung kann man schon früh eine Streck- und Beugeseite unterscheiden. An der Beugeseite ist das Ektoderm im Flächenwachstum zunehmend behindert und dadurch verdickt. Das verdickte Ektoderm wird von so zahlreichen Nervenfasern innerviert, daß zu Anfang des zweiten Monats der größte Teil der Extremitäten aus Nerven besteht. Mit der Zügelung durch die Leitungsbahnen werden die Extremitäten geknickt und dadurch in Abschnitte gegliedert, noch bevor Skelett und Muskulatur zur Entwicklung kommen.

Im weiteren Verlauf der Entwicklung wird im Bereich der oberen Extremitäten die Hand in ihrem Wachstumsprozeß über den Leber-Herz-Wulst bis in den Bereich des Mundes geführt. Dabei wird die Haut an der Beugeseite mehr und mehr verdickt, dagegen die der Streckseite verdünnt. Noch beim Erwachsenen ist die schwielige Haut am Handteller und an der Fußsohle deutlich. Wie regelmäßig, hat sie durch ihre Verdickung auch hier eine dichte Innervation und reiche Gefäßversorgung. Die Rötung des Handtellers und der Fußsohle bei Neugeborenen ist ebenso wie ihre besondere Empfindlichkeit Folge der genannten Entwicklung.

Die Entwicklungsbewegungen der Extremitäten gehören zu einer frühen Greifbewegung bzw. Strampelbewegung als Vorbereitung für das spätere Gehen und Stehen. Wir sprechen mit Recht von frühen Greifbewegungen, denn schon die Entstehung der Arme ist als ein Teilgeschehen der ganzen Embryonalentwicklung eine Greifbewegung. Zuerst geschieht ein Ausstrecken des Ärmchens nach der Seite und dann nach vorn. Danach erfolgt eine leichte Krümmung im Ellenbogen und damit eine Annäherung der Hand an die vordere Brustwand. Dann wird die Hand zum Mund geführt *(Abb. 12)*. Dort erfolgt ein leichter Faustschluß. Die typisch menschliche Klammerhaltung (Opposition des Daumens) ist schon bei 20 mm großen Embryonen zu bemerken. Jetzt liegt die Hand bereits im Mundbereich. Ein 40 bis 60 mm großer Fetus hält seine Händchen in so wechselnden Stellungen, daß man von Flötenspielerstellungen sprechen kann. Er scheint bereits zu lutschen. Dem Arzt ist das Bild eines Lutschdefektes am Daumen von Neugeborenen wohlbekannt.

Der sogenannte Klammerreflex ist ein Ausdruck dieser Frühentwicklung, eine Fortsetzung des vorgeburtlichen Wachstumsgreifens, aber kein Atavismus. Die Kräftigkeit des Klammerreflexes ist eine unmittelbare Folge der intensiven Stemmkörperfunktion des embryonalen Knorpelskeletts, welche die Wachstumsdehnung des ihr anliegenden Gewebes (Entstehung der Muskulatur) bestimmt. Die embryologischen Befunde

**Abb. 12**

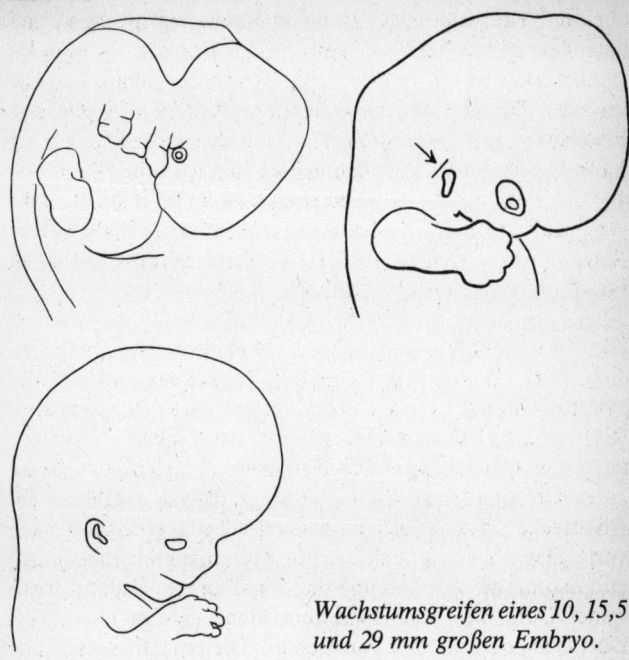

*Wachstumsgreifen eines 10, 15,5 und 29 mm großen Embryo.*

geben damit keine Gründe für die Deutung des Klammerreflexes als Rekapitulation einer Primatenfunktion (Atavismus).

Flossen und Schwimmhäute werden beim Menschen in keiner Phase beobachtet. Die Extremitätenanlagen, die flossenähnlich erscheinen, lassen in Wirklichkeit schon Schulter und Ellenbogenregion erkennen bzw. Becken und Knieregion, wie sie bei Flossen niemals vorkommen. Was bei 10–14 mm großen Embryonen als Schwimmhäute erscheinen könnte, sind Reliefbildungen der Haut im Bereich der Mittelhand in einem Stadium, in dem die Finger erst als winzige Wellungen des Handtellerrandes zu beobachten sind. Sie sind Folgen von Einziehungen zwischen den Skelettstücken, die dadurch entstehen, daß hier Leitungsbahnen im Wachstum zurückbleiben und über ihnen die Haut verdünnt erscheint, während sie durch das unterliegende Skelett strahlenförmig verdickt wird.

Es ist danach unmöglich, hier zu homologisieren. Allgemein hat sich gezeigt, daß keine einzige Differenzierung des Menschen aus einer scheinbar ähnlichen irgendeines tierischen Tetrapoden abgeleitet werden kann. Vielmehr sind alle Organdifferenzierungen »ontolog« einander zugehörig, d. h. konstruktiv miteinander vergleichbar, weil sie aus ein und derselben Eizelle ontogenetisch entstehen. Auch das Argument, das eine oder andere Organ sei ja in der Entwicklungszeit funktionslos und daher nur als Rekapitulation zu verstehen, ist eine Fehldeutung. Ausnahmslos jedes Organ hat Gestaltungsfunktion. Es gibt kein während der Entwicklung funktionsloses Organ.

Das gilt im besonderen für das Skelett, welches gern herangezogen wird, um Ähnlichkeiten zwischen Tier und Mensch als Beweis für das Biogenetische Grundgesetz festzustellen. Mögen noch so »geschlossene« phylogenetische Reihen von Skeletteilen abgebildet werden, welche eine Evolution vom Niederen zum Höheren zu dokumentieren scheinen. Sie erbringen keinen Beweis für die etwaige Richtigkeit eines Biogenetischen Grundgesetzes, weil sie gar nichts mit der Ontogenese des Menschen aus einer befruchteten Eizelle zu tun haben. Vielmehr beruht die Bildung des Schädels, der Wirbelsäule als auch der übrigen Skelettstücke auf Verdichtungsprozessen im Gewebe während der Ontogenese. Die Skelettbildung ist ein eindrucksvolles Beispiel für das allgemeine Prinzip der Differenzierungsrichtung von außen nach innen. Beispielsweise besteht eine junge Gliedmasse zunächst nur aus Ektoderm und Binnengewebe. Das Ektoderm zeichnet sich früh durch intensives Flächenwachstum aus. Das intensive Flächenwachstum führt zur Bildung eines engmaschigen Gefäßnetzes dicht unter dem Ektoderm. Das Gefäßnetz entsteht als Folge des Nahrungsbedarfs. Es liefert einerseits die Nahrung zum Ektoderm und entzieht andererseits Wasser aus der Tiefe der Extremität. Das in der Tiefe stark wasserverarmte Gewebe verdichtet sich schon im zweiten Monat zur Skelettanlage, wenn die Extremitätenanlagen noch sehr klein sind. Die Skelettbildung ist also eine charakteristische lageabhängige, aber keine phylogenetische Differenzierung im Verlauf der Ontogenese.

Auch alle anderen Differenzierungen sind lageabhängig, d. h. u. a., sie sind ganzheitlich bezogene Vorgänge. Will man einen Differenzierungsprozeß verstehen, darf man das Organ nie als isoliert für sich betrachten. Denn jeder Entwicklungsschritt ist auf das Ganze bezogen, ein Teil des Ganzen. Jeder Differenzierungsvorgang ist konstruktiv, dynamisch und chemisch jeweils Teil eines ganzheitlichen Geschehens, hat aber keinerlei direkte Beziehungen zu ähnlichen Differenzierungen, die bei anderen Vertebraten gefunden werden. Hier Homologien aufzustellen, ist daher nicht sinnvoll und wissenschaftlich deshalb auch nicht korrekt.

Auch die Lungenentwicklung kann nicht exakt beschrieben werden unter dem Gesichtspunkt einer Entwicklungsgeschichte der Atmung. Sicher kann man bei verschiedenen Tieren die Atmungsorgane beschreiben und ihre jeweiligen Unterschiede feststellen. Das sagt aber gar nichts aus über die ontogenetische Entwicklung der Atmungsorgane. Die verschiedenen Keime, die im Laufe ihrer Ontogenese einen Respirationstrakt entwickeln, haben jeweils von Beginn an eine verschiedene Lungenentwicklung. Sie ist immer nur relativ zur Entwicklung des übrigen Organismus zu verstehen.

Die Lungenentwicklung ist ein typisches Beispiel einer Funktionsentwicklung und nicht einer Rekapitulation. Ihre Entstehung hängt mit der Differenzierung des Brustkorbs, der Wirbelsäule und des Herz-Leber-Massivs zusammen. Auch hier lassen sich die räumlichen Verhältnisse sowie die zeitlich-physikalischen und materiell-chemischen Prozesse jeweils als besondere Ordnungen der Differenzierung einheitlich beschreiben.

Von den Faktoren in der unmittelbaren Umgebung der entstehenden Lungen kommt die frühe Vergrößerung der Leber als besonderes Bildungsmoment zur Wirkung. Je größer die Leber wird, desto mehr flacht sich mit ihr zusammen das mit ihr verwachsene Zwerchfell zwischen dem unteren Ende der Wirbelsäule und dem vorderen Rand des Brustkorbs ab. Dadurch wird die Leber nach vorn und nach unten gedrängt. Das bedeutet einen Descensus der ganzen Baucheingeweide und des Herzens im Vergleich zum Gehirn.

**Abb. 13**

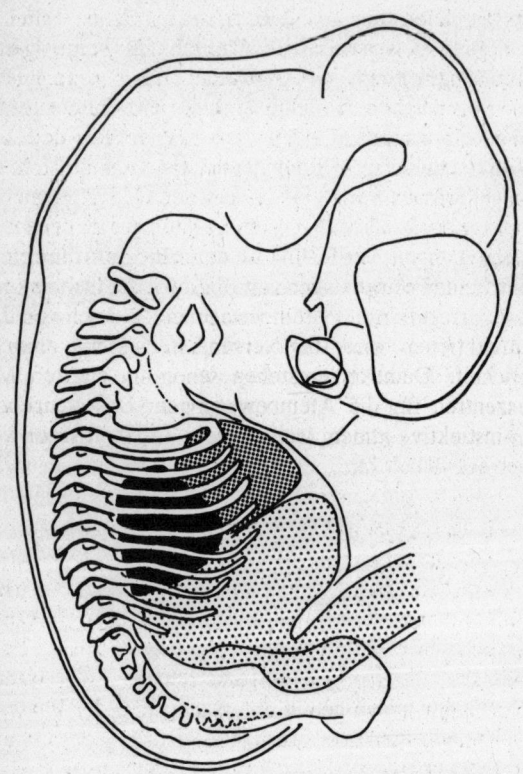

*17,5 mm großer menschlicher Embryo. Entstehung der Lunge (schwarz) im Raum des wachsenden Brustkorbs hinter Leber und Herz. Bauchfell hell punktiert.*

Sobald bei einem 10 mm großen Embryo Herz und Leber stärker an Umfang gewinnen, vergrößert sich der Raumwinkel zwischen dem Herz-Leber-Massiv und der Wirbelsäule dicht unter der Körperwand *(Abb. 13)*. Damit entsteht hier ein Sogfeld. In dieses Sogfeld stülpt sich das zum Flächenwachstum befähigte zarte Entoderm der Anlage des Respirationstraktes zusammen mit seinem begleitenden Stroma ein. Das einwachsende Gewebe ist die Lungenanlage. Der Prozeß wird durch die Weiterstellung des Brustkorbs mit dem Wachstum der Rippen fortgesetzt. Die Lungen werden dann ähnlich wie später beim Atmen in den größer werdenden Brustkorb hineingesogen. (Im Zusammenhang mit der Weiterstellung des Thorax entstehen in den Lungen Scherungen. Durch sie werden die Lungenflügel in Lungenlappen unterteilt). So ist die Entstehung der Lungen bereits ein sehr differenzierter Beginn der Atemtätigkeit. Es ist genau genommen unrichtig, die bei der Geburt entstehende Luftfüllung der Lungen den »ersten« Atemzug zu nennen. Die Atembewegungen, bei denen Luft durch die Luftröhre eingeatmet wird, sind Fortsetzungen von längst vor der Geburt kompliziertest vorregulierten »Atembewegungen«. Auch von diesen Organfunktionen wird das Nervensystem schon embryonal unterrichtet. Dadurch entstehen schon im zweiten Monat Reflexzentren für die Atembewegungen. Das Neugeborene kann »instinktiv« atmen, weil es diese Tätigkeit schon vorgeburtlich entwickelt hat.

Auch der Exkretionsapparat wird vielfach als Beispiel für eine Rekapitulation angeführt, weil im besonderen die Urniere beim Menschen zunächst nicht verstehbar schien und deshalb nicht als humanspezifisch notwendig, sondern als Rekapitulation aufgefaßt wurde. Tatsächlich gibt es jedoch kein einziges rudimentäres Organ. Alle Organe erweisen sich vielmehr, wenn man nur genau genug untersucht, in jeder Phase ihrer Entwicklung in Funktion. Ausnahmslos trägt jedes Organ mit seiner Entwicklung zur Gestaltung des ganzen Körpers bei, auch wenn es vielleicht in einer späteren Phase wieder zurückgebildet wird. Das gilt auch für die Urniere.

Ein wichtiger Faktor bei ihrer Entstehung und nachfolgenden Entwicklung ist die Querkrümmung der Rumpfwand des Embryo. Dabei entsteht eine Längsfalte an der Innenseite des Rückens, die zunächst von der Halsregion bis zum unteren Körperende reicht. Diese Falte ist die Anlage der Urniere. Sie hat embryonal eine wichtige Tätigkeit, weil in ihrem Stoffwechselfeld, wie man weiß, lebensnotwendige Permeationen ablaufen. Mit der zunehmenden Vergrößerung der Leber wird der obere Teil der Urniere komprimiert und geht zugrunde. Nur das untere Ende bekommt Raum zu weiterer Entwicklung. Hier entsteht die definitive Niere, die sogenannte Nachniere. Sie sproßt aus dem zuvor angelegten frühen Harnleiter, der die Urniere drainiert, dem sogenannten *Wolff*schen Gang, in einem Sogfeld aus. Dieses Sogfeld liegt im unteren Rumpfbereich, wo der *Wolff*sche Gang von dem länger werdenden nach unten durchbiegenden Neuralrohr ein wenig nach oben abrückt *(Abb. 14)*.

Auf die Struktur der Niere wollen wir hier nicht eingehen. Es genügt festzustellen, daß die junge Niere bereits als ein exkretorisches Organ funktioniert. Sie drainiert bei ihrer Vergrößerung Abbauprodukte aus dem umliegenden Sogfeld und gibt diese in die junge Harnblase ab. Der frühe Vorharn diffundiert von dort in den Fruchtwasserraum. Auf diese Weise beginnt schon früh eine exkretorische Nierentätigkeit.

Mit dem zunehmenden Gehirnwachstum beginnt der Embryo, sich um die Mitte des zweiten Monats mehr und mehr aufzurichten. Dann wird sein zunächst mit der Krümmung des Kopfes entstandenes breites Gesicht zu dem für den Erwachsenen typischen Langgesicht.

Noch bei einem 15–16 mm großen Embryo ist das Gesicht zwischen dem vorgewölbten Gehirn und dem Herzwulst eingeengt *(Abb. 9)*. Erst mit dem Längenwachstum der Wirbelsäule und der dadurch bedingten Hebung des Kopfes beginnt gegen Ende des zweiten Monats der Abstand zwischen Gehirn und Herz zuzunehmen. Dabei gewinnt das Gesicht Raum, sich zu

**Abb. 14**

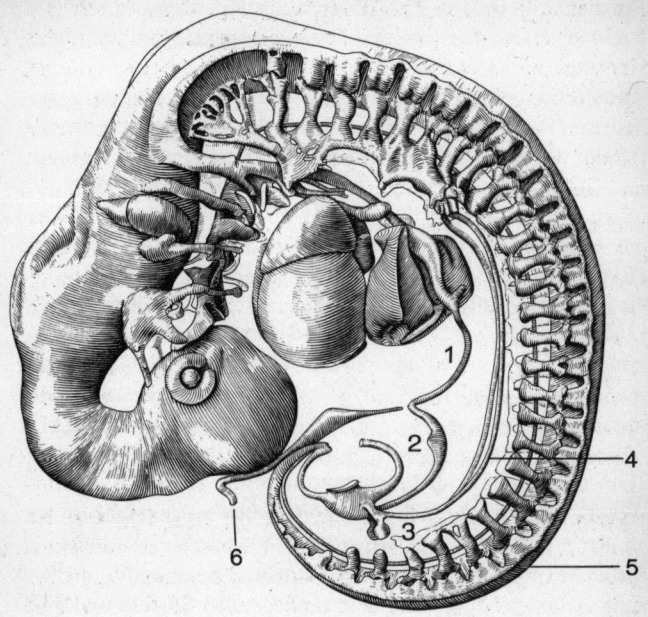

*Entstehung der Niere (3) im unteren Rumpfbereich eines 6,3 mm großen menschlichen Embryo. 1 Zwölffingerdarm. 2 Blinddarm. 4 Wolffscher Gang (mit Niere, 3). 5 Rückenmarksabschnitt des Neuralrohrs. 6 Dottersackstiel, nicht mehr im Kontakt mit dem Darm.*

verlängern und wird zum Langgesicht. Ein Teilgeschehen dieser Entwicklung zum Langgesicht ist die Nasenbildung. Aus dem zunächst charakteristischen Stupsnäschen wird nach und nach die relativ lange Nase. Im Rahmen der Verlängerung des Gesichts entsteht die Blickrichtung. Sie ist nicht eine Folge des allmählichen Übergangs von einem Vogelgesicht mit seitwärts stehenden Augen zur menschlichen Augenstellung, die ein perspektivisches Sehen ermöglicht, sondern Folge des ontogenetisch folgerichtigen schrittweisen Differenzierungsgeschehens im Gehirn-Gesichts-Bereich. Entwicklungskinetisch läßt sich beweisen, daß während der Vergrößerung des embryonalen Oberkopfs die beiden zunächst seitlich gelegenen Augen durch einen gestrafften Bindegewebszug in konstantem gegenseitigen Abstand gehalten werden *(Abb. 15)*. Durch die gegenseitige Verankerung nimmt bei der Verbreiterung des Hinterkopfs der Augabstand nur in sehr geringem Ausmaß zu. Auf diese Weise scheinen die Augen nach vorn zu wandern, so daß die Blickrichtung nach vorn gerichtet wird. Das gestraffte Bindegewebe, das hier richtunggebend wirkt, kommt zu Beginn des zweiten Monats biodynamisch damit zustande, daß zwischen dem sich vorwölbenden Stirnhirn und der Nasenwurzel das Gewebe beengt und quer zur Stauchungsrichtung schnurförmig gestrafft und verfestigt wird. Das im zweiten Monat in Form eines Bandes (Ligaments) lokal gestraffte Gewebe wird schlechter durchblutet als das benachbarte Gewebe, verliert an Wachstumsintensität und wird damit zu einem Halteapparat. Ist dieses Gewebe in der Ontogenese gestrafft, setzt es lokal dem weiteren Wachstum der anliegenden Organe einen Wachstumswiderstand entgegen und stellt so ein wichtiges konstruktives Gestaltungsmittel dar. Das besagt: Die bekannte spätere Blickrichtung nach vorn ist ein Merkmal der Zerebralisation, d. h. der beim Menschen besonders frühen und kräftigen Gehirnentwicklung. Mit anderen Worten: Die ganze Gesichtsentwicklung steht mit der Gehirnentwicklung in konstruktivem Zusammenhang. Als Grundsatz aufgefaßt: Die Entwicklungsdynamik ist ein unmittelbar wirksames Konstruktionsmittel der Differenzierungen und nicht etwa die Rekapitulation eines evolutionistisch zu deutenden Vorgangs.

Physiognomiker haben schon vor mehr als 100 Jahren den menschlichen Gesichtsausdruck im psychologischen Sinn als Zeichen eines Wirkens von Gehirn und Herz angesehen. Dies entspricht der Erfahrung, daß einerseits die Schnellreaktionen des persönlichen Verhaltens, die sich im Mienenspiel äußern, oft charakteristisch mit spürbarem Herzklopfen verbunden sind, daß aber andererseits langdauerndes Nachdenken nicht

**Abb. 15**

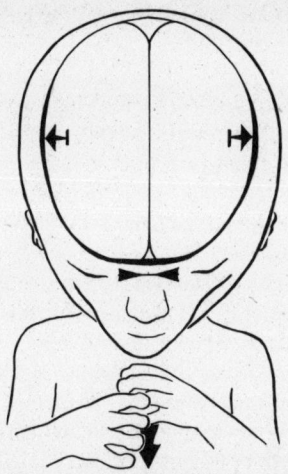

*Langgesicht eines 43 mm großen Fetus. Während der Aufrichtung gewinnt das Gesicht Raum, sich zu verlängern. Divergente Pfeile im Bereich des Schläfenhirns: Wachstumsvergrößerung. Konvergente Doppelpfeile: Haltefunktion des Ligamentum supranasale. Durch sie werden die Augen relativ zusammengehalten, so daß der Blick nach vorn gerichtet wird. Unterer Pfeil: Descensus der Eingeweide.*

selten Körpererlebnisse in der Augen- und Oberkopfregion bereitet.

Aufgrund der frühen Entwicklungsbewegungen und seiner seelisch geistigen Fähigkeiten ist das Kind und später der Erwachsene in die Lage versetzt, lachen zu können. Es ist ein Irrtum zu glauben, das Grinsen eines Affen, d. h. eines Affen, der sein Gesicht verzieht, sei die Vorstufe menschlichen Lachens. Menschliches Lachen ist nicht ererbt vom äffischen Grinsen, kein Relikt aus einer Zeit, da es den Menschen noch nicht gegeben haben soll. Menschliches Lachen ist immer menschlich und äffisches Grinsen immer äffisch. Menschliches

Lachen ist qualitativ verschieden von jeder tierischen Mimik, denn menschliches Lachen hat immer eine entscheidende seelisch-geistige Komponente.

Ein letztes: Die Meinung, der Mensch habe vorübergehend ein Fell, entspricht nicht den Tatsachen. Auch die menschliche Behaarung ist Dokument der typisch menschlichen Zerebralisation. Ihre Entwicklung beim Embryo hängt wesentlich damit zusammen, daß ab dem dritten Entwicklungsmonat der Oberkopf relativ zum übrigen Körper im Wachstum zurückbleibt. Dabei entwickeln sich im Bereich des Oberkopfs und der späteren Genitalbehaarung die Haarkeime pro Flächeneinheit in sehr dichter Anordnung, im Bereich des übrigen Körpers dagegen in schnell zunehmend weiten Abständen. Relativ zum Rumpf erscheint der Oberkopf beim erwachsenen Menschen kleiner geworden[25]. Bei pelztragenden Tieren mit geringem Großhirn ist die relative Schrumpfung der Oberkopfregion im Vergleich zum übrigen Körper nicht so groß wie beim Menschen und die Abstände der Haarkeime daher relativ gleichmäßig.

Typische Merkmale des Menschen sind Sprache und aufrechter Gang. Nicht nur die Sprache, sondern auch der aufrechte Gang setzt die ontogenetische Entwicklung voraus. Sie ist, wie wir wissen, eine unabdingbare, wenn auch nicht ausreichende Bedingung aller späteren Verhaltensweisen. Beide, Sprache und aufrechter Gang, sind Zeichen menschlicher Zerebralisation. Obwohl unbekannt ist, wie die physiologisch nachweisbare Tätigkeit des Gehirns mit dem psychischen Verhalten des Menschen zusammenhängt, ist doch eines sicher: die frühembryonale Ontogenese ist eine Einleitung des späteren menschlichen Verhaltens und nicht als Abänderung von Verhaltensweisen unserer Vorfahren zu verstehen. *Illies* ironisiert die evolutionistische Ideologie mit folgenden Versen[26]:

[25] Blechschmidt, E.: Die konstruktive Entwicklung des kraniokaudalen Haarstrichs. Anat. Anz. *83*, 65–87 (1937).
[26] Illies, J., Zoologeleien, Freiburg ³1976, S. 25 ff.

*Um diesen Menschen zu erschaffen,*
*da brauchte die Natur den Affen*
*– so hört man Brägengrütze sagen –*
*nur schnell vom Urwaldbaum zu jagen,*
*denn auf die Steppe ausgetrieben,*
*ist ihm nichts anderes geblieben.*
*Es wuchsen ihm seit jener Stunde*
*Bananen nicht mehr vor dem Munde:*
*er mußte, wollt er weiterleben,*
*sich auf die Hinterbeine heben*
*und machte so die Hände frei*
*für Obst und sonst noch allerlei.*
*Die Hände greifen nach der Birne*
*und so entwickeln im Gehirne,*
*um alle Tricks gut zu behalten,*
*von Jahr zu Jahr sich neue Falten,*
*bis daß der Schädel heftig quillt*
*und sich mit 1000 Gramm anfüllt.*

Vielmehr verläuft die Entwicklung des aufrechten Ganges beim Menschen folgendermaßen: Das wachsende Großhirn bewirkt eine kräftige Nahrungszufuhr zum Gehirn und bedingt damit die Entstehung eines großen Herzens. Die frühe Größe dieses Organs führt zu einer kräftigen Zirkulation des Blutes. Sie ermöglicht ein intensives Wachstum der Leber. Da beim Menschen das expansive Wachstum des Herzens im Verband des ganzen Herz-Leber-Massivs regelmäßig mit einem expansiven Wachstum der Leber korreliert ist, wird das zwischenliegende Zwerchfell zwischen Herz und Leber zu einer dünnen Platte entwickelt und damit sehnig. An der Sehnenplatte ist die Leber fixiert. Während das Zwerchfell am unteren Ende der Wirbelsäule verankert bleibt, verlängert sich die Wirbelsäule nach oben. Dabei aszendieren Rückenmark und Gehirn. Das Gehirn vergrößert sich, wie wir wissen, speziell im Bereich der Großhirnhemisphären. Diese wachsen exzentrisch über der Schädelbasis empor. Die dabei entstehende Vergrößerung des Hinterhaupts führt zu einer mächtigen Nackenmuskulatur. Diese unterstützt nun ihrerseits durch Aufrichtung des Kopfes die Entstehung des aufrechten Ganges. Es ist danach also der aufrechte Gang ein Ergebnis der Zerebralisation. Die Zerebralisation, das heißt die Bedeutung des Kopfes bzw. des Gehirns, die wir für die ganze Entwicklung finden, hängt im besonderen mit seiner exzentrischen Lage zusammen. Durch sie erscheint das Gehirn schon räumlich dem gesamten übrigen Körper übergeordnet. Als solches wird es zum Integrationsbereich aller innervierten Regionen der Körperwand und der Eingeweide.

Das menschliche Haupt und Gesicht galten schon in frühen Zeiten als dominierendes Merkmal des Menschen. Die großen Maler und Bildhauer der Renaissance malten und schufen das Porträt eines Menschen und stellten damit die ganze Persönlichkeit dar. Im Mittelalter wurde das Haupt noch besonders durch eine Krone oder eine Gloriole hervorgehoben und damit die Überzeugung von der Geistigkeit des Menschen unterstrichen. Wenn heute moderne Künstler vermeiden, Gesichter darzustellen, dann könnte dies darauf hinweisen, daß sie nicht mehr überzeugt sind von dieser hierarchischen Rangordnung im Organismus, die dem menschlichen Geist die erste Stelle in den verschiedenen ganzheitlichen Ordnungen des Menschen zuerkennt.

# 7. Elementare Faktoren der Differenzierung

Wenn, wie wir gesehen haben, ein phylogenetischer Erklärungsversuch des menschlichen Körperbaus auf falschen Voraussetzungen, nämlich auf angenommenen aber falschen Befunden beruht, und wenn die Gene zwar als eine unabdingbare Voraussetzung, aber nicht als die Macher der menschlichen Entwicklung anzusehen sind, so ist zusammenfassend die Frage zu beantworten: Wie macht es der Körper, daß im Verlauf einer bestimmten Phänogenese Körperteile wie z. B. Schultern und Arme entstehen? Wie kommt es, daß sich der Mund als Querspalte und nicht als eine von oben nach unten gerichtete Öffnung bildet? Kurz: Wie kommt es, daß wir ontogenetisch so und nicht anders gestaltet sind als wir uns kennen? Wer macht die Differenzierung?

Zur Beantwortung dieser Frage sind zwei Voraussetzungen zu machen: Zunächst setzen wir voraus, daß eine menschliche lebendige Eizelle existiert, die sich entwickelt. Wir setzen also das Leben voraus und das Wesen, d. h. das Menschsein. Weder was Leben noch was Menschsein ist, können wir naturwissenschaftlich erfassen, denn naturwissenschaftliche Methoden sind immer differenzierende und integrierende Methoden. Leben aber ist nicht Physik plus Chemie, wie heutzutage viele meinen. Leben ist weit mehr, es ist eine qualitative und keine bloß quantitative Kategorie[27]. Es muß in der Biologie vorausgesetzt werden. Biologie ist nicht die Lehre vom Leben, auch nicht die Lehre von den Lebewesen, sondern die Lehre von den Lebenserscheinungen, von den Merkmalen des Lebendigen.

Weiter setzen wir, wenn wir nach dem Differenzierungsgeschehen fragen, eine Finalursache voraus, d. h. einen Zielplan der

---

[27] Thürkauf, M., Die moderne Naturwissenschaft und ihre moderne Heilslehre – der Marxismus. Schaffhausen 1980.

ganzen Schöpfung und damit auch des einzelnen Menschen. Ohne Ziel verlöre unser Leben seinen Sinn[28]. Auch er ist nicht methodisch erfaßbar oder zu verrechnen.

Wer steuert also *unmittelbar* die Differenzierung? Die Antwort lautet: das Wachstum. Das scheint naheliegend. Was Wachstum ist, können wir nicht definieren. Wir pflegen uns damit zu begnügen, Merkmale dieses Wachstums zu beschreiben. Die Fähigkeit lebendiger Organismen, wachsen zu können, ist die unmittelbare Bedingung für ihre Entwicklung und Differenzierung. Wachstum, d. h. lokal stärkere Aufnahme von Substanzen und relativ wenig Abgabe von Stoffwechselprodukten, sowie Umbau aufgenommener Substanzen führt zu Lageveränderungen der Zellen und Zellverbände, zur Bildung von Zwischenzellsubstanzen, damit zu Verdrängungsprozessen, zu Entwicklungsbewegungen und in engstem Zusammenhang damit zu Wachstumswiderständen und ihrer Überwindung, d. h. zu Leistungen mit Arbeit im physikalischen und biologischen Sinn. Die Entwicklungsbewegungen sind primär Gestaltungsfunktionen und als solche die ersten ursprünglichsten Leistungen des menschlichen Organismus. Auf den Gestaltungsfunktionen beruhen die späteren Leistungen des Erwachsenen. Ohne sie wäre kein ausgewachsener Organismus funktionsfähig.

Beschreiben wir die räumlichen Änderungen des Körpers während seiner Entwicklung, also seine Gestaltung, dann dürfen wir dabei chemische Untersuchungen zunächst zurückstellen, ohne damit vorzutäuschen, eine organische Gestaltung sei nichts anderes als nur Folge physikalischer Prozesse. Der Mensch ist niemals mit Mechanik, Physik oder Chemie ganz zu erfassen. Denn er ist weit mehr, als mit den naturwissenschaftlichen Methoden der Physik oder Chemie zu beschreiben ist. Die Ontogenese ist nicht rein kausal zu verstehen, weil sie nicht nur hinsichtlich der Verhaltensweisen der Organe, sondern auch hinsichtlich der persönlichen Tätigkeit, also der geistigen

[28] Gunning, K., Coming from . . . Going where? Rotterdam 1980, S. 390 ff.

Eigenart des Menschen, ein einheitliches Geschehen ist. Humanembryologisch beschränken wir uns daher bewußt auf die Untersuchung von Merkmalen der Entwicklung. Der Vorwurf einer mechanistischen Betrachtungsweise wäre jedoch völlig ungerechtfertigt, weil die Beschränkung auf eine Merkmalsart gerade ein Zeichen dafür ist, daß wir die Ganzheit voraussetzen.

Ein Beispiel mag das erläutern: Die Wegstrecke, die ein Bergsteiger zurücklegt, ist mit geometrischen und die jeweilige Geschwindigkeit des Bergsteigens mit physikalischen Methoden, z. B. einer Uhr zu messen. Dabei können auch die geleistete Arbeit und, unabhängig davon, chemische Vorgänge im Stoffwechsel, Sauerstoffverbrauch, Kohlehydratverbrennung und Fermentwirkungen bestimmt werden. Eine vorläufige Zurückstellung der einen oder anderen Befunderhebung macht die tatsächlich durchgeführte Untersuchung der Wegstrecke jedoch nicht falsch.

Wenn es gelingt, mit biophysikalischen Untersuchungen zu einer übersichtlichen Beschreibung der Körpergestaltung zu kommen, dann heißt das nicht, daß etwa Widersprüche zu biochemischen oder vergleichend anatomischen Befunderhebungen entstehen müßten. Denn der lebendige Organismus ist in mehrfacher Hinsicht jeweils ein Ganzes. Das ist eine sehr wichtige Feststellung. Denn sie besagt, daß der Mensch in der Ordnung der Morphologie ebenso wie in der Ordnung der Physik und aber auch in der Ordnung der Chemie oder der Psychologie beschrieben werden kann. Sie besagt aber nicht, daß er in den jeweils betrachteten Ordnungen je erschöpfend beschreibbar wäre.

Nochmals: Die Morphologie, die das Leben und damit das Wesentliche voraussetzt, beschreibt Merkmale des Lebendigen.

Heute kennt man biokinetische und biodynamische Merkmale der Differenzierung schon so gut, daß eine folgerichtige

Beschreibung der Gestaltung als Differenzierungsprozeß und damit ein erstes Verständnis vom menschlichen Körper möglich geworden ist. Man kann bei jedem Organ die Lage seiner Entstehung, seine Formbildung und seine Strukturentwicklung unterscheiden. Die Lageänderungen sind unmittelbar mit Formänderungen verbunden und diese wiederum haben Strukturänderungen zur Folge. Lage-, Form- und Strukturänderungen zusammen werden als Gestaltungsbewegungen deutlich. In ihnen äußern sich submikroskopische Materialbewegungen.

Differenzierung bedarf einer Ordnung in Zeit und Raum. Beides sind keine chemischen Begriffe. Wir haben deswegen den Begriff Stoffwechselfeld eingeführt. Er soll den Begriff »morphogenetisches Feld« vertiefen. Der Ausdruck morphogenetisches Feld, der vielfach verwandt wird, läßt die ihm zugrunde liegenden Stoffwechselbewegungen außer acht und besagt nur, daß hier eine Morphogenese stattfindet. Der Begriff beinhaltet aber nicht, welcher Art die unmittelbaren Ursachen der Morphogenese sind. Obwohl die chemische Basis der Stoffwechselfelder bisher unbekannt ist, ist doch sicher, daß hier Molekülbewegungen, Konzentrationen und Konzentrationsgefälle von Substanzen eine entscheidende Rolle spielen. Das darf aber nicht dazu verleiten, hier als Bedingung von sogenannten Konzentrationsmustern Aktivatoren und Inhibitoren, womöglich genetischer Art, anzunehmen und damit zu einer chemischen Induktion zurückzukehren. Denn mit den Begriffen »Aktivator« und »Inhibitor« ist das Problem der unmittelbaren Differenzierung nur verschoben auf die Frage: Wer steuert den Aktivator und Inhibitor?

Ein biodynamisches Stoffwechselfeld ist ein Kraftfeld, d. h. ein Feld, in dem Kräfte wirksam sind, denen geordnete Stoffwechselbewegungen zugrunde liegen. *Stoffwechselfelder sind danach »morphologisch abgrenzbare Gebiete mit räumlich geordneten Stoffwechselbewegungen«.* Zellen und Zellverbände können ebensogut als biodynamische Stoffwechselfelder beschrieben werden wie Auflockerungs- oder Verdichtungszonen, Dehnungsfelder oder Korrosionsfelder oder auch ganze

Differenzierungsareale wie die der Lunge, der Leber oder der Schilddrüse. Ohne Biodynamik sind Gestaltungen nicht möglich. Daß bei diesen Differenzierungsprozessen immer typisch menschliche Organe entstehen, setzt voraus, daß der Stoffwechsel als Ganzes immer einheitlich, d. h. immer wesensgemäß bleibt.

Wir wiederholen: Entwicklungsbewegungen sind Materialbewegungen im Sichtbaren, die auf geordneten Stoffwechselbewegungen im molekularen Bereich beruhen. Insofern stellen Differenzierungen immer Momentbilder von räumlich geordneten Stoffwechselbewegungen dar. Sie sind unmittelbarer Ausdruck dieser geordneten Stoffwechselbewegungen. Weil diese Stoffwechselbewegungen geordnet sind, müssen auch die Differenzierungen geordnet erscheinen. Oder umgekehrt: Weil die Differenzierungen als geordnet erscheinen, müssen wir schließen, daß auch die submikroskopischen Stoffwechselbewegungen geordnet sind. Je komplizierter ein Organismus ist, desto geordneter, auch in biomechanischer Hinsicht, muß er sein. Das folgt aus vielfältiger Erfahrung.

Im Rahmen ihrer Stoffwechselbewegungen haben alle Organe, Gewebe und Zellen Gestaltungsfunktionen. Funktionslose Organe oder Atavismen finden wir nicht. Schon die frühesten pränatalen Organsysteme funktionieren, und zwar gemäß den Eigenschaften, die sie jeweils in den jeweiligen Phasen ihrer Entwicklung haben.

Nach dem Befundmaterial unserer humanembryologischen Dokumentationssammlung wissen wir heute, daß die embryonalen Leistungen regelmäßig Vorläufer der späteren Leistungen des Organismus sind. Allen höheren Funktionen gehen nachweislich Wachstumsfunktionen vorbereitend voraus[29]. In diesem Sinne machen alle Organe eine Funktionsentwicklung durch. Das bedeutet u. a. einen zunehmenden Verlust an Ursprünglichkeit.

[29] Blechschmidt, E., Anatomie und Ontogenese des Menschen, Heidelberg 1978.

Greif- und Gehbewegungen, Atembewegungen, Nierenfunktion, Resorption, Muskelkontraktionen etc. werden pränatal mit Wachstumsvorgängen eingeleitet. Ohne eine solche Funktionsentwicklung würde kein Organ und kein Organsystem nach der Geburt richtig funktionieren. Da jedes Organ eine Funktionsentwicklung durchmacht, darf behauptet werden, daß Organe und Organsysteme pränatale Grundfunktionen haben. Generell gilt, daß bereits die Entstehung eines Organs der Beginn seiner Tätigkeit ist.

Hier gibt die ontogenetische Entwicklungslehre im Gegensatz zu einer phylogenetischen oder genetischen Betrachtungsweise bezüglich des sogenannten zweckmäßigen Baus des Organismus neue Einsichten. Denn die physiologisch bekannten Funktionen des Erwachsenen können danach aus ihrer Funktionsentwicklung verstanden werden. Wir haben also beispielsweise nicht Augen »um zu sehen«, sondern weil sie sich in der Ontogenese entwickelt haben, sehen wir. Damit ist die Frage nach der Finalursache, nach dem göttlichen Plan und dem Ziel nicht berührt. Sie ist einer naturwissenschaftlichen Methode nicht zugänglich, sondern muß vorausgesetzt werden. Naturwissenschaftlich ist nur die unmittelbare causa efficiens zu beschreiben. Und diese unmittelbare Ursache liegt im Wachstum und damit in den Gestaltungskräften des Organismus. Diese sind aber mehr als rein physikalischer Art, denn Gestaltung ist kein physikalischer Begriff. Gestalt setzt immer Leben voraus und impliziert eine Seele.

Alle Frühfunktionen des Menschen sind Verhaltensweisen, die deutlich eine seelische Komponente haben. Wenn wir daher von Wachstumshaltung, Wachstumsgreifen, von frühen Atembewegungen und ähnlich frühen Lebensäußerungen sprechen, dann deuten wir damit an, daß die Entwicklung nicht rein somatisch zu beurteilen ist, sondern als Ausdruck des Psychischen und damit des ganzen Menschen interpretiert werden muß. Wenn wir den Erwachsenen als Person achten, dann muß nach dem Prinzip der Erhaltung der Individualität das gleiche auch für das Kind und für das Ungeborene gelten. Man kann also nicht etwa von einer Vorstufe des menschlichen Lebens oder von werdendem Leben sprechen. Wenn auch der Embryo auf seine mütterliche Umgebung angewiesen ist, so ändert dies nichts daran, daß er in seiner vollen individuellen Eigenart anerkannt werden muß.

Nach dem Gesagten haben wir die individuelle Eigenart des Organismus bereits zu Beginn seiner Ontogenese vorauszusetzen. *Der Organismus ändert im Verlauf seiner Differenzierung nur sein Erscheinungsbild, nie aber sein Wesen.* Diese seine Wesensart – u. a. bestimmt durch die Geist-Seele – bleibt von der Befruchtung bis zum Tode erhalten.

Merkwürdigerweise ist der Begriff der *Erhaltung der Individualität* und damit auch die Vorstellung von der Veränderung ihrer Erscheinung während der Entwicklung in der herkömmlichen Biologie nicht benutzt worden. Wendet man dieses Prinzip aber konsequent an, dann merkt man, daß die Vorstellung einer Rekapitulation phylogenetisch älterer Arten diesem Prinzip widersprechen würde. Alle bisherigen Untersuchungen widerlegen das von *Haeckel* angenommene Biogenetische Grundgesetz und lehren, daß jedes Merkmal einer Ontogenese stets individuell notwendig ist. Jeweils als Ganzheit – die sie sind – betrachtet, sind alle Lebewesen stets unvergleichlich verschieden.

Als Formel gilt: Jeder Differenzierungsschritt erfolgt in einem wachstumsfunktionellen individualspezifischen System, in dem alle Teile Unterteilungen des Ganzen sind und in diesem Sinn gemeinsam in gegenseitiger Wechselbeziehung die ganze Differenzierung zustandebringen. Differenzierung setzt immer ein Ganzes voraus. Differenzierung ist immer Unterteilung dieses einen Ganzen, nie ein Zusammenfügen von Einzelnem. Ein Organismus ist nie eine Summe von Teilen. Welche Konsequenzen diese Feststellung für andere Disziplinen, z. B. die Pädagogik hat, liegt auf der Hand. Denn es ist ein grundlegender Unterschied, ob wir meinen, Erziehung sei ein Aufpfropfen von Wissen und Vermehrung von Synapsenschaltungen in einem molekularen Geschehen im Nervensystem, oder ob wir davon überzeugt sind, daß bei der Erziehung das Kind in seiner eigenständigen Ganzheit zur Entwicklung kommen muß.

Zwischen einer evolutionistisch-phylogenetischen Naturauffassung und einer Weltanschauung, die einen Schöpfer annimmt, besteht ein grundsätzlicher Gegensatz. Während die Evolutionsidee von einem Punkt ausgeht und durch zunehmende »genetische Information«, durch Werden zum Sein kommt, geht der Schöpfungsglaube vom Ganzen aus und setzt damit das Sein dem Werden voraus.

Wenn ein naturgesetzlich geschlossenes System angenommen wird wie in der Evolutionstheorie, muß auf eine Energie von außen verzichtet werden. Aus einem geschlossenen System kann man Gott eliminieren. Alle entwicklungsbiologischen Beobachtungen verlangen jedoch die Annahme einer von außen hinzukommenden Energie und die Anerkenntnis einer außermateriellen Wirklichkeit, einer von außen hinzukommenden »Intelligenz« sowie einer Geist-Seele des Menschen, die nicht als Materie faßbar ist. Diesen Geist zu verleugnen, erscheint schlechterdings unmöglich. Er würde aber geleugnet, würde der Leib nicht mehr als Ausdrucksgestalt des Geistes aufgefaßt.

# 8. Nachwort

Trotz der heute exakt nachgewiesenen Fakten der menschlichen Frühentwicklung wird immer wieder die Frage gestellt: wann wird der Mensch zum eigentlichen Menschen? Diese Frage ist nach dem Gesagten im Ansatz verfehlt. Der Mensch entwickelt sich nicht *zum* Menschen, sondern *als* Mensch, er *wird* nicht Mensch, sondern *ist* Mensch von Anfang an.

Da beim Erwachsenen als besonderes Charakteristikum seiner Leib-Seele-Einheit eine Geist-Seele angenommen werden darf und da wir keinerlei Zäsur zwischen den einzelnen Entwicklungsstadien finden, haben wir eine Geist-Seele auch schon mit der Befruchtung als existent anzusehen. Die körperlich-seelische Ganzheit und damit die wesentliche individuelle Eigenart eines Menschen ist seit Beginn seiner Entwicklung Realität. Damit ist deutlich: Nur was in seinem Wesen bereits ist, kann sich entwickeln. Mit anderen Worten: Das Sein ist der Ursprung des Werdens und nicht umgekehrt das Werden die Voraussetzung des Seins.

Person, die wir mit dem Wesen des Menschen meinen, kann danach nicht im Laufe der Ontogenese entstehen, Personsein ist eine unübersteigbare Vorgegebenheit für menschliche Entwicklung.

Zu den Argumenten, die dennoch gegen eine Personalität von Anfang an vorgebracht werden, folgendes: Der junge menschliche Keim – so heißt es – sei noch nicht notwendigerweise ein In-dividuum. Deshalb könne er noch nicht als Person betrachtet werden. Als Argument werden eineiige Zwillinge angeführt: eine Eizelle, die sich teilt und dabei in zwei selbständige Individuen trennt, könne nicht als In-dividuum angesehen werden. Wer so argumentiert, muß sich fragen lassen, was denn das für ein Wesen sei, das bis zum Zeitpunkt der möglichen Zwillingsbildung existiert? Etwa ein ungeordneter Zellhaufen, nur Schwangerschaftsgewebe? Verwirklicht dieses nicht-menschliche Wesen vielleicht erst einen allgemeinen Säugetierplan?

Es ist wichtig, hier ganz konkret zu fragen! Einen anderen Zeitpunkt als die Befruchtung für die Determinierung auf ein unteilbares Individuum hin anzunehmen, ist phantastisch. Denn das Gesetz von der Erhaltung der Individualität bedeutet eine wohl begründete Erkenntnis. Es wird durch die Zwillingsbildung nicht aufgehoben. »Die Individualität eines Menschen ist immer voll existent. Wir können nicht entscheiden, wie viele Individuen bereits mit der Befruchtung angelegt sind«[30]. Wer beweist uns, daß Zwillingsbildung, auch eine spontan auftretende, nicht ebenso genetisch angelegt ist wie erbliche Mehrlingsbildungen? Es spricht nichts dagegen auszusagen, daß bei einer Zwillingsbildung die Personalität des ersten befruchteten Eis erhalten bleibt und eine neue Ganzheit mit der Abtrennung einer oder mehrerer Tochterzellen entsteht. Diese Ganzheit ist dann ein neues menschliches Lebewesen.

Mit der Annahme einer sekundären Personwerdung des Menschen in Abhängigkeit von einer organischen Vorgegebenheit muß folgerichtig die Geschöpflichkkeit des Menschen als etwas jeweils Ursprüngliches abgelehnt werden. Die Konsequenzen, die sich daraus ergeben, sind nicht nur Leugnung der Freiheit der Verantwortlichkeit und Sündhaftigkeit, sondern auch die Zerstörung der Würde des Menschen, einer Würde, die der Mensch nicht als biologisches Wesen, sondern nur als Geschöpf Gottes besitzt.

Eine weitere Vorstellung, die den Menschen nicht von Anfang an als Menschen anerkennt, ist die, der Mensch sei ein höheres, mit Verstand begabtes Tier. Erst dann, wenn dieses das Tier überragende geistige Vermögen sich zeige oder wenigstens mit der Entwicklung der Hirnrinde möglich werde, dürfe man von einem »wirklichen« Menschen sprechen. Dazu ist zu sagen, daß schon Ende der 2. Entwicklungswoche die Anlage des Gehirns deutlich ist. Ein menschliches Individuum ist ein zu geistgeprägtem Verhalten bestimmtes Individuum. Dieses geistgeprägte Verhalten äußert sich nicht nur im Selbstbewußtsein oder logischen Denkakten. Vielmehr ist jede, auch körper-

[30] J. Lejeune, The Beginning of a Human Being, Paris 1973

liche Äußerung des Menschen von der wesensbestimmenden Geist-Seele geprägt. Deswegen ist es falsch, eine Personalität erst mit der Anlage der Hirnrinde anzunehmen, d. h. Ende des 2. Entwicklungsmonats. Es wäre fatal, Menschsein auf Hirnrindentätigkeit reduzieren zu wollen. Denn dann würde damit die Euthanasie als zulässig erklärt werden können. Denn sie schiene gerechtfertigt, sobald die Hirnrinde durch Krankheit oder im Alter abgebaut wird und der Mensch keine volle geistige Funktionstüchtigkeit mehr besitzt.

Die Leugnung der Personalität eines jungen menschlichen Keims von Anfang an führt zu seiner Relativierung. Es gäbe eine Zeit, in der der junge Mensch – noch nicht Person – relativ wert-los wäre und deshalb im Konfliktfall gegen hohe personale Werte zurückstehen müßte.

Wer gar behauptet, man könne wissenschaftlich den Beginn menschlichen Lebens nicht nachweisen und die Entscheidung darüber dem einzelnen überlassen wissen möchte, verbreitet eine Unwahrheit, zum Beispiel, um an menschlichen Keimen experimentieren zu können.

Gerade mit Rücksicht auf die Problematik der Gentechnik und der mit ihr zusammenhängenden Möglichkeit der Manipulation junger menschlicher Eier und Keime ist es wichtig, davon Kenntnis zu nehmen – ohne Wenn und Aber –, daß der Mensch von der Befruchtung an individualspezifisch Mensch und als solcher Person ist, und daß sich im Verlauf des ganzen weiteren Lebens nur das Erscheinungsbild, nicht aber das Wesen ändert.

Das Geheimnis des Menschen impliziert auch das Geheimnis des Existenzbeginns eines neuen menschlichen Individuums als ein Geheimnis göttlichen Wirkens. Wir sind überzeugt, daß der Mensch in seiner Einmaligkeit und Ursprünglichkeit mehr ist als mit naturwissenschaftlichen Methoden von ihm erfaßt werden kann.